21世纪高等院校电气工程与自动化规划教材
21 century institutions of higher learning materials of Electrical Engineering and Automation Planning

Experiment Tutorial of Electronic Technology

电子技术实验教程

阚洪亮 主编
王长涛 冯群 马乔矢 尚文利 副主编

人 民 邮 电 出 版 社
北 京

图书在版编目（C I P）数据

电子技术实验教程 / 阚洪亮主编. -- 北京 : 人民邮电出版社, 2014.9（2018.7重印）
21世纪高等院校电气工程与自动化规划教材
ISBN 978-7-115-36100-4

Ⅰ. ①电… Ⅱ. ①阚… Ⅲ. ①电子技术－实验－高等学校－教材 Ⅳ. ①TN-33

中国版本图书馆CIP数据核字(2014)第142963号

内 容 提 要

本书从实验和实验教学的角度出发，在满足基本教学需要的同时，注重适应社会发展需要和提高学生工程实践能力。本书共分 3 章，分别介绍电子技术实验基本常识、电子技术基础实验和电子技术实验安全，内容深入浅出、实用性强。

本书可作为理工类院校本科、专科及高职相关专业学生的实践环节的指导书，也可作为相关工程技术人员的参考书。

◆ 主　编　阚洪亮
副 主 编　王长涛　冯　群　马乔矢　尚文利
责任编辑　张孟玮
执行编辑　税梦玲
责任印制　彭志环　焦志炜

◆ 人民邮电出版社出版发行　　北京市丰台区成寿寺路 11 号
邮编　100164　　电子邮件　315@ptpress.com.cn
网址　http://www.ptpress.com.cn
北京九州迅驰传媒文化有限公司印刷

◆ 开本：787×1092　1/16
印张：7.5　　2014 年 9 月第 1 版
字数：187 千字　　2018 年 7 月北京第 4 次印刷

定价：22.00 元

读者服务热线：(010)81055256　印装质量热线：(010)81055316
反盗版热线：(010)81055315

前 言

“电子技术实验”是高校理工专业一门重要的技术基础实验课，是学习后续专业课的重要基础。由于电子技术课程理论性强，概念抽象，实践性强，涉及的基础理论较广，它对培养学生的科学思维能力、工程能力，提高学生分析问题和解决问题的能力起着至关重要的作用。

根据教育部“卓越工程师培养计划”的精神，为满足本科相关专业实验能力培养的需要，着力强化基础训练，加深理解课堂知识，提高学生的工程实践能力，编写了本教材。本教材在编写过程中，注重实践教学与理论教学内容紧密结合，大量吸取近年来电子技术课程教学改革的新成果，突出验证性实验与设计性实验的结合，对部分实验要求学生自主设计电路、表格和自主处理实验数据，为提升学生理论水平和实践能力做好铺垫。

本教材立足于本科应用型人才培养目标，适应于社会发展需要，提高学生工程实践能力。在教材编写过程中，参考了部分院校的教学大纲，以满足基本教学需要和有较宽适应面为出发点，全书分为 3 章：第 1 章为电子技术实验基本常识；第 2 章为电子技术基础实验，共分 23 个实验项目，其中前 11 个项目为模拟电子技术实验，后 12 个项目为数字电子技术实验，实验 10、实验 11、实验 20、实验 21 和实验 22 适用于非电专业，内容较简单；第 3 章讲解电子技术实验安全。

本教材由阚洪亮任主编，王长涛、冯群、马乔矢、尚文利任副主编。除了主编、副主编外，参加本书编写的还有：张亚、阚凤龙、毛永明、张东伟、陈楠、吕九一、马强。参编的指导教师花费大量时间对实验项目进行了调研和预试。在此谨致以深切的谢意。

本教材主审是沈阳建筑大学信息与控制工程实验中心主任、高级实验师黄宽，他对本教材的编写提出了不少宝贵意见和建议。在此表示感谢。

由于编者水平有限，书中不足之处在所难免，敬请广大读者批评指正。

编　者

2014 年 3 月

目　录

第1章 电子技术实验基本常识

1.1 电子技术实验基本要求

1.1.1 电子技术实验课的目的

电子技术是为部分理工科专业开设的一门技术基础课，它面对生产技术实践的直接性决定了电子技术实验课在整个教学过程中的特殊重要地位。电子技术实验，不仅在于验证某些电子理论，更重要的是在于通过实验手段不断提高自己独立分析和解决实际问题的基本技能。关于这一教学目的，在国家教委颁布的、由电子技术课程指导委员会编写的《电子技术课程基本要求》中有非常明确的规定。具体地讲应当达到以下要求。

（1）能够正确使用常用的电子仪器和电器设备。

（2）能读懂基本的电路原理图，了解常用电气、电子元器件，并能组装成实际工作电路。

（3）能对组装的实际工作电路进行分析与故障排除，正确调试与测量。

（4）具有科学、安全用电的基本能力。

（5）具有正确归纳实验数据、运用理论科学地分析与指导实践活动的能力，以及严谨的科学态度与实事求是的工作作风。

1.1.2 电子技术实验规则

一、纪律规则

（1）按实验课表规定的时间、地点和编组按时上课，不得旷课、迟到、早退或擅自串组换课。

（2）教师讲解时，要聚精会神地听讲；进行实验时，要专心致志地操作，不能从事与本次实验无关的活动。

（3）实验课课堂应保持文明、安静和整洁的环境，组内研讨问题应当文明低语，严禁喧哗打闹和串组走动。

（4）未经教师许可，不得随意改变实验内容。

（5）必须严格服从指导教师的管理，不准私自查阅教师的随堂纪录和加以纠缠。

二、爱护公物规则

（1）应按仪器仪表和电器设备的技术要求精心操作，严禁漫不经心地使实验器具受到挤压、折弯、冲击、振动、反复磨损或随意拆卸及污染等。

（2）严禁擅自动用本次实验使用设备之外的一切设备。

（3）对本次实验发给的元器件、材料或工具应精心使用，结束实验时应仔细清点，如数归还，严禁私自携出。

（4）实验中如发现仪器设备有异常或损坏，实验元件、材料和工具有遗失，应立即向指导教师申报并有义务提供笔录，备案。

（5）自觉强化“节约意识”，应千方百计地将实验所耗能源和材料降为最低水平。

三、安全规则

实践证明，50 Hz、10 mA 以下的直流电流流经人体不会发生伤亡事故，而当工频（50 Hz）50 mA 以上的交流电流流经人体就会发生危险，危险程度视电流大小和通电时间而定。

人体通电后的反应为：不舒适的感觉，肌肉痉挛，脉搏和呼吸失常，内部组织损伤，直到死亡。

人体电阻大约在 800 Ω 到几百 kΩ 范围内（受表皮状况影响较大）。如按 800 Ω 计，设通入危险电流为 50 mA，则人体承受电压为 $U=IR=0.05\times800=40$ V，此值可作为“危险电压值”。因此，我国规定“安全电压”通常为 36 V，而在危险场所（如潮湿或含腐蚀性气体等环境），则安全电压降为 12 V。

人体被电流伤害分电伤和电击两类，其中电伤是指人体外部被电弧灼伤，电击是指人体内部因电流刺激而发生人体组织的损伤。

低压（380/220 V）系统中触电伤害主要是电击，而死亡事故也多为电击所致。

通过上述介绍，可以明确：在实验环境下，如果触摸电压高于 40 V 以上的带电物，均可能发生危险。还可以明确：为了防止触电，一是应与可能发生电弧的部位保持恰当距离；二是在任何瞬间、任何情况下绝对不应使自己的身体构成电流的通路（如脚踏良好绝缘物、不用双手触摸通电裸导体等）。为加强安全管理，制定如下规则。

（1）实验线路的搭接、改装或拆除，均应在可靠断电条件下进行。

（2）在电路通电情况下，人体严禁接触电路中不绝缘的金属导线和连接点带电部位，以免触电。万一发生触电事故，应立即切断电源，保证人身安全。

（3）实验中，特别是设备刚投入运行时，要随时注意仪器设备的运行情况。如发生有超量程、过热、异味、冒烟、火花等，应立即断电，并请指导老师检查。

（4）了解有关电器设备的规格、性能及使用方法，严格按要求操作。注意仪器仪表的种类、量程和接线方法，保证设备安全。

（5）实验时应精力集中，衣服、头发等不要接触电动机及其他可动电器设备，以免发生事故。

（6）严禁到其他组任意取用物件或乱说乱动。

（7）实验结束整理中，首先要关闭一切设备的电源开关。在整理中，也应精心处置实验所用的一切导体，以免为下一班实验留下隐患。

四、卫生规则

（1）实验室内自觉保持卫生整洁，个人用品应合理放置。对实验台上的灰尘杂物应随时主动清除，严禁乱扔杂物、随地吐痰、抽烟和吃零食。

（2）实验结束后，应认真做好整理。要将仪器设备、实验材料与工具、坐凳等整齐地归回原位。

（3）每次做实验的学生均有清扫教室的劳动义务，参加实验的班级均有在课余时间参加实验室大扫除的义务。

1.1.3　实验教学程序

一、预习要求

课前应认真阅读指导书中的《学生必读》和该次实验项目的全部内容，并将所涉及的理论知识复习好。

应在实验课前按下述要求工整、清楚、整洁地将有关内容写入专门格式的《电子技术实验报告》内。

对于实验目的，可按指导书抄写（或自己加以完整准确的表述）。

对于实验仪器与设备，可按指导书抄写。

对于实验原理，可按指导书"实验原理"中的相关内容，自己做出逻辑层次清楚、内容完整准确的表述。表述一般要"文图并茂"，即应当完整地画出实验电路示意图，附必要的电路原理图和向量分析图，对某些重要元器件（如集成片），应画出引线示意图。这一环节既要正确地阐明原理，又要便于指导自己参加实验。

对于实验内容与步骤，可按指导书抄写（或自己加以完整准确的表述）。书写形式上应突出操作步骤的有序性和强调必要的注意事项。

"实验步骤"中的数据表格，应按指导书规定格式画出，注意做必要的"放大"，以便在实验中填写。表内如列有"计算值"栏目，系指就实验电路中所采用的元器件的标称值（即指导书中给定数值）作为电路参数，依据理论公式进行计算的结果。书写预习报告时，应写出理论公式的表达式并进行相应的计算，将计算结果填入表中"计算值"栏目。事先的理论分析与计算，对指导自己正确地实际操作和测试，显然是有益的。

书写预习报告决不是不假思索地抄写指导，而是以实验题目为"技术任务"，根据所学到的基本知识和基本理论，参照指导书给定的格式，为"技术实现"而书写的技术性设计或报告。写出工整简洁、逻辑严谨的科学技术报告，是工程师必须具备的基本技能。

二、课堂教学程序

（1）学生应准时按规定到实验台前就坐、出示预习报告。

（2）教师讲授。实验主讲教师以口头、板书和密切对照实物的方式讲授本次实验的精华（如：线路板结构、仪器仪表使用要领、实验步骤和操作程序以及注意事项），一般时间长度不超过 30 分钟。这就要求每个学生特别仔细地听取与记录。

（3）学生搭接电路。教师讲授结束后，在断电条件下搭接电路。搭接时应注意体会接线要领且应循序渐进，已搭接的电路应确保其可靠性。事实证明，对电路原理图熟悉的学生，此项工作进行较快。

（4）学生自检。电路搭接完毕，应反复检查（必要时用万用表欧姆档观察线路搭接的可靠性）。如确认无误，方可报告教师审查。

（5）教师审查。指导教师对学生搭接电路的审查主要着眼两个方面：一是安全用电方面，即着眼电路不应危及人员安全；二是实验设备与器件安全方面，即着眼电路不应造成器材损失。教师此时不着眼电路搭接是否全面正确，只要确认上述"两个安全"得以保证，即允许该实验组通电操作。

（6）通电操作。学生必须经教师审查电路允许后方可接通电源，否则视为违章。通电后，如发现自己接的电路不能正常工作，应积极思考，立足于自己排除故障，不应当不做任何努力而试图请教师代劳。

实验指导教师在学生进行实验过程中的“指导”职责体现在两方面：一是对“经过努力、仍感到困难”的学生进行启发、引导；二是注意观察并随时考核每个学生的动手能力。由此可见，每个学生必须以“勤于动脑、勤于动手”的操作主角身份投入实验，才能在教师指导下提高解决实验问题的基本技能，这一点与理论课堂上被动听课的身份相比，是一个转化，希望引为注意。

（7）结束整理。下课前留 5～10 分钟作为整理时间，应按前述实验室规则要求完成整理，经教师允许后，方可离开。

1.2 常用元件识别

1.2.1 电阻元件

一、电阻元件的标称值

标称值是根据国家制定的标准系列标注的，不是生产者任意标定的，不是所有阻值的电阻器都存在，常见的电阻标称值系列如下。

E24 系列（误差±5%）：1.0，1.1，1.2，1.3，1.5，1.6，1.8，2.0，2.2，2.4，2.7，3.0，3.3，3.6，3.9，4.3，4.7，5.1，5.6，6.2，6.8，7.5，8.2，9.1。

E12 系列（误差±10%）：1.0，1.2，1.5，1.8，2.2，2.7，3.0，3.9，4.7，5.6，6.8，8.2。

E6 系列（误差±20%）：1.0，1.5，2.2，3.3，4.7，6.8。

线绕电阻系列额定功率：3 W，4 W，8 W，10 W，16 W，25 W，40 W，50 W，75 W，100 W，150 W，250 W，500 W。

非线绕电阻系列额定功率：0.05 W，0.125 W，0.25 W，0.5 W，1 W，2 W，5 W。

二、电阻的分类

（1）按阻值特性分：固定电阻、可调电阻、特种电阻（敏感电阻）。

（2）按制造材料分：碳膜电阻、金属膜电阻、线绕电阻、合成膜电阻。

（3）按安装方式分：插件电阻、贴片电阻。

（4）按功能分：高频电阻、高温电阻、采样电阻、分流电阻、保护电阻等。

三、普通电阻的选用常识

1. 正确选择电阻器的阻值和误差

阻值选用原则：所用电阻器的标称阻值与所需电阻器阻值的差值越小越好。

误差选用：RC 暂态电路所需电阻器的误差尽量小，一般可选 5%以内。反馈电路、滤波电路、负载电路对误差要求不太高，可选 10%～20%的电阻器。

2. 额定电压和额定功率

额定电压：实际电压不能超过额定电压。

额定功率：所选电阻器的额定功率应大于实际承受功率的两倍以上才能保证电阻器在电路中长期工作的可靠性。

3. 首选通用型电阻器

通用型电阻器种类较多、规格齐全、生产批量大且阻值范围、外观形状、体积大小都有挑选的余地，便于采购和维修。

4. 根据电路特点选用

高频电路：分布参数越小越好，应选用金属膜电阻、金属氧化膜电阻等高频电阻。

低频电路：线绕电阻、碳膜电阻都适用。

功率放大电路、偏置电路、取样电路：电路对稳定性要求比较高，应选温度系数小的电阻器。

5. 根据电路板大小选用电阻

1.2.2　电感线圈

一、电感线圈的基本知识

电感线圈是由导线一圈挨一圈地绕在绝缘管上，导线间互相绝缘，而绝缘管可以是空心的，也可以包含铁芯或磁粉芯，这样的二端元件简称电感。电感是利用电磁感应的原理进行工作的。电感量 L 表示线圈本身固有特性，与电流大小无关。除专门的电感线圈（色码电感）外，电感量一般不专门标注在线圈上，而以特定的名称标注。电感量 L 恒定的电感叫作线性电感，电感量 L 随通过的电流而变化的电感叫作非线性电感，一般空心线圈是线性电感，铁心线圈是非线性电感。

二、电感的分类

（1）按电感形式分类：固定电感、可变电感。

（2）按导磁体性质分类：空心线圈、铁氧体线圈、铁芯线圈、铜芯线圈等。

（3）按工作性质分类：天线线圈、振荡线圈、扼流线圈、陷波线圈、偏转线圈等。

（4）按绕线结构分类：单层线圈、多层线圈、蜂房式线圈等。

三、常用线圈简介

1. 单层线圈

单层线圈是用绝缘导线一圈挨一圈地绕在纸筒或胶木骨架上。如晶体管收音机中的天线线圈。

2. 蜂房式线圈

如果所绕制的线圈，其平面不与旋转面平行，而是相交成一定的角度，这种线圈称为蜂房式线圈。而其旋转一周，导线来回弯折的次数，常称为折点数。蜂房式绕法的优点是体积小，分布电容小，而且电感量大。蜂房式线圈都是利用蜂房绕线机来绕制，折点越多，分布电容越小。

3. 铁氧体磁芯和铁粉芯线圈

线圈的电感量大小与有无磁芯有关。在空心线圈中插人铁氧体磁芯或铁粉芯，可增加电感量和提高线圈的品质因数。

4. 铜芯线圈

铜芯线圈在超短波范围应用较多，利用旋转铜芯在线圈中的位置来改变电感量，这种调整比较方便、耐用。

5. 色码电感器

色码电感器是具有固定电感量的电感器，其电感量标记方法同电阻一样以色环来标记。

6. 阻流圈（扼流圈）

限制交流电通过的线圈称阻流圈，分高频阻流圈和低频阻流圈。

7. 偏转线圈

偏转线圈是电视机扫描电路输出级的负载。偏转线圈要求：偏转灵敏度高、磁场均匀、值高、体积小、价格低。

1.2.3 电容元件

一、电容的概念

电容元件是一种表征电路元件储存电荷特性的理想元件，其原始模型为由中间用绝缘介质隔开的两块金属极板组成的平板电容器。当在两极板上加上电压后，极板上分别积聚着等量的正负电荷，在两个极板之间产生电场。积聚的电荷越多，所形成的电场就越强，电容元件所储存的电场能也就越大。

二、电容的分类

电容按介质不同分为气体介质电容，液体介质电容，无机固体介质电容，有机固体介质电容和电解电容；按极性分为有极性电容和无极性电容；按结构分为固定电容，可变电容和微调电容。

三、电容的参数

电容器标称电容值，目前我国采用的固定式标称容量系列有E24、E12和E6系列。

E24系列的电容量为：1.0，1.1，1.2，1.3，1.5，1.6，1.8，2.0，2.2，2.4，2.7，3.0，3.3，3.6，3.9，4.3，4.7，5.1，5.6，6.2，6.8，7.5，8.2，9.1。

E12系列的电容量为：1.2，1.5，1.8，2.2，2.7，3.3，3.9，4.7，5.6，6.8，8.2。

E6系列的电容量为：1.5，2.2，3.3，4.7，6.8。

上述标称值$\times10^n$即可得电容的标称容量。

1. 电容器的允许误差

不同的标称系列允许误差是不同的，一般E24系列电容的允许误差是±5%，E12系电容的允许误差是±10%，E6系列电容的允许误差是±20%。

2. 电容器的耐压

每一个电容都有它的耐压值，用V表示。一般无极电容的标称耐压值比较高，常见的有63 V、100 V、160 V、250 V、400 V、600 V和1 000 V等；有极电容的耐压相对比较低，一般标称耐压值有 4 V、6.3 V、10 V、16 V、25 V、35 V、50 V、63 V、80 V、100 V、220 V和400 V等。

1.2.4 二极管

一、二极管简介

二极管种类很多，常用的有下面几种。

1. 整流二极管

将交流电流整流成直流电流的二极管叫作整流二极管，它是面结合型的功率器件，因结电容大，故工作频率低。通常，I在1 A以上的二极管采用金属壳封装，以利于散热。I在1 A以下的采用全塑料封装。由于近代工艺技术不断提高，国外出现了不少较大功率的管子，也采用塑封形式。

2. 检波二极管

检波二极管是用于把叠加在高频载波上的低频信号检出来的器件，它具有较高的检波效率和良好的频率特性。

3. 开关二极管

在脉冲数字电路中，用于接通和关断电路的二极管叫开关二极管，它的特点是反向恢复时间短，能满足高频和超高频应用的需要。开关二极管有接触型、平面型和扩散台面型几种。一般 I<500 mA 的硅开关二极管，多采用全密封环氧树脂，陶瓷片状封装引脚较长的一端为正极。

4. 稳压二极管

稳压二极管是由硅材料制成的面结合型晶体二极管，它是利用 PN 结反向击穿时的电压基本上不随电流的变化而变化的特点，来达到稳压的目的。因为它能在电路中起稳压的作用，故称为稳压二极管（简称稳压管）。

二、选用二极管要注意的几个方面

（1）正向特性。加在二极管两端的正向电压（P 为正、N 为负）很小时（锗管小于 0.1 V，硅管小于 0.5 V），管子不导通，处于“死区”状态；当正向电压超过一定数值后，管子才导通，电压再稍微增大，电流就会急剧增加。不同材料的二极管，起始电压不同，硅管为 0.5～0.7 V，锗管为 0.1～0.3 V。

（2）反向特性。二极管两端加上反向电压时，反向电流很小，当反向电压逐渐增加时，反向电流基本保持不变，这时的电流称为反向饱和电流。不同材料的二极管，反向电流大小不同，硅管约为 1 μA 到几十微安，锗管可高达数百微安。另外，反向电流受温度变化的影响很大，锗管的稳定性比硅管差。

（3）击穿特性。当反向电压增加到某一数值时，反向电流急剧增大，这种现象称为反向击穿。这时的反向电压称为反向击穿电压，不同结构、工艺和材料制成的管子，其反向击穿电压值差异很大，可由 1 V 到几百 V，甚至高达数 kV。

（4）频率特性。由于结电容的存在，当频率高到某一程度时，容抗小到使 PN 结短路，导致二极管失去单向导电性，不能工作。PN 结面积越大，结电容也越大，越不能在高频情况下工作。

1.2.5 三极管

三极管的全称应为半导体三极管，也称双极型晶体管，晶体三极管，是一种电流控制电流的半导体器件，其作用是把微弱信号放大成幅值较大的电信号，也用作无触点开关。晶体三极管，是半导体基本元器件之一，具有电流放大作用，是电子电路的核心元件。三极管是在一块半导体基片上制作两个相距很近的 PN 结，两个 PN 结把这块半导体分成三部分，中间部分是基区，两侧部分是发射区和集电区，排列方式有 PNP 和 NPN 两种。

一、工作原理

晶体三极管（以下简称三极管）按材料分有两种：锗管和硅管。而每一种又有 NPN 和 PNP 两种结构形式，但使用最多的是硅 NPN 和锗 PNP 两种三极管（其中，N 表示在高纯度硅中加入磷，用磷原子取代一些硅原子，在电压刺激下产生自由电子导电；而 P 是加入硼取代硅，产生大量空穴利于导电）。两者除了电源极性不同外，其工作原理都是相同的，下面仅介绍 NPN 硅管的电流放大原理。

对于 NPN 管，它是由 2 块 N 型半导体中间夹着一块 P 型半导体所组成，发射区与基区之间形成的 PN 结称为发射结，而集电区与基区形成的 PN 结称为集电结，三条引线分别称为发射极 e、基极 b 和集电极 c。

当 b 点电位高于 e 点电位零点几伏时，发射结处于正偏状态，而 c 点电位高于 b 点电位几伏时，集电结处于反偏状态，集电极电源 E_c 要高于基极电源 E_b。

在制造三极管时，有意识地使发射区的多数载流子浓度大于基区的，同时把基区做得很薄，而且，要严格控制杂质含量。这样，一旦接通电源后，由于发射结正偏，发射区的多数载流子（电子）及基区的多数载流子（空穴）很容易地越过发射结互相向对方扩散，但因前者的浓度基大于后者，所以通过发射结的电流基本上是电子流，这股电子流称为发射极电流。

由于基区很薄，加上集电结的反偏，注入基区的电子大部分越过集电结进入集电区而形成集电集电流 I_c，只剩下很少（1%～10%）的电子在基区的空穴进行复合，被复合掉的基区空穴由基极电源 E_b 重新补给，从而形成了基极电流 I_b。根据电流连续性原理得：$I_e=I_b+I_c$。

这就是说，在基极补充一个很小的 I_b，就可以在集电极上得到一个较大的 I_c，这就是所谓电流放大作用，I_c 与 I_b 维持一定的比例关系，即：$\beta_1=I_c/I_b$（式中：β_1 称为直流放大倍数）；集电极电流的变化量 ΔI_c 与基极电流的变化量 ΔI_b 之比为：$\beta=\Delta I_c/\Delta I_b$（式中：$\beta$ 称为交流电流放大倍数）。由于低频时 β_1 和 β 的数值相差不大，所以有时为了方便起见，对两者不作严格区分，β 值为几十至一百多。

三极管是一种电流放大器件。但在实际使用中常常利用三极管的电流放大作用，通过电阻转变为电压放大作用，三极管放大时管子内部的工作原理如下。

1. 发射区向基区发射电子

电源 E_b 经过电阻 R_b 加在发射结上，发射结正偏，发射区的多数载流子（自由电子）不断地越过发射结进入基区，形成发射极电流 I_e。同时基区多数载流子也向发射区扩散，但由于多数载流子浓度远低于发射区载流子浓度，可以不考虑这个电流，因此可以认为发射结主要是电子流。

2. 基区中电子的扩散与复合

电子进入基区后，先在靠近发射结的附近密集，渐渐形成电子浓度差，在浓度差的作用下，促使电子流在基区中向集电结扩散，被集电结电场拉入集电区形成集电极电流 I_c。也有很小一部分电子（因为基区很薄）与基区的空穴复合，扩散电子流与复合电子流之比决定了三极管的放大能力。

3. 集电区收集电子

由于集电结外加反向电压很大，这个反向电压产生的电场力将阻止集电区电子向基区扩散，同时将扩散到集电结附近的电子拉入集电区从而形成集电极主电流 I_{cn}。另外集电区的少数载流子（空穴）也会产生漂移运动，流向基区形成反向饱和电流，用 I_{cbo} 来表示，其数值很小，但对温度却异常敏感。

二、三极管的分类

（1）按材质分：硅管、锗管。

（2）按结构分：NPN、PNP。

（3）按功能分：开关管、功率管、光敏管等。

（4）按功率分：小功率管、中功率管、大功率管。

（5）按工作频率分：低频管、高频管、超频管。

（6）按结构工艺分：合金管、平面管。

（7）按安装方式：插件三极管、贴片三极管。

1.2.6　集成电路

集成电路（Integrated Circuit）是一种微型电子器件或部件。采用一定的工艺，把一个电路中所需的晶体管、二极管、电阻、电容和电感等元件及布线互连在一起，制作在一小块或几小块半导体晶片或介质基片上，然后封装在一个管壳内，使其成为具有所需电路功能的微型结构；其中所有元件在结构上已组成一个整体，使电子元件向着微小型化、低功耗、智能化和高可靠性方面迈进了一大步。它在电路中用字母"IC"表示。集成电路发明者为杰克·基尔比（基于锗的集成电路）和罗伯特·诺伊斯（基于硅的集成电路）。当今半导体工业大多数应用的是基于硅的集成电路。

一、集成电路特点

集成电路或称微电路（Microcircuit）、 微芯片（Microchip）、芯片（Chip）在电子学中是一种把电路（主要包括半导体装置，也包括被动元件等）小型化的方式，并通常制作在半导体晶圆表面上。

前述将电路制造在半导体芯片表面上的集成电路又称薄膜（Thin-Film）集成电路。另有一种厚膜（Thick-Film）混成集成电路（Hybrid Integrated Circuit）是由独立半导体设备和被动元件，集成到衬底或线路板所构成的小型化电路。

本书主要应用单片集成电路（Monolithic），即薄膜集成电路。

集成电路具有体积小、重量轻、引出线和焊接点少、寿命长、可靠性高、性能好等优点，同时成本低，便于大规模生产。它不仅在工、民用电子设备如收录机、电视机、计算机等方面得到广泛的应用，同时在军事、通信、遥控等方面也得到广泛的应用。用集成电路来装配电子设备，其装配密度比晶体管可提高几十倍至几千倍，设备的稳定工作时间也可大大提高。

二、集成电路分类

集成电路，又称为 IC，按其功能、结构的不同，可以分为模拟集成电路、数字集成电路和数/模混合集成电路三大类。

集成电路按制作工艺可分为半导体集成电路和膜集成电路，膜集成电路又分为厚膜集成电路和薄膜集成电路。

按集成度高低分类可分为如下 6 种：

SSI 小规模集成电路（Small Scale Integrated Circuit）；

MSI 中规模集成电路（Medium Scale Integrated Circuit）；

LSI 大规模集成电路（Large Scale Integrated Circuit）；

VLSI 超大规模集成电路（Very Large Scale Integrated Circuit）；

ULSI 特大规模集成电路（Ultra Large Scale Integrated Circuit）；

GSI 巨大规模集成电路也被称作极大规模集成电路或超特大规模集成电路（Giga Scale Integration Circuit）。

集成电路按导电类型可分为双极型集成电路和单极型集成电路，它们都是数字集成电路。双极型集成电路的制作工艺复杂，功耗较大，代表集成电路有 TTL、ECL、HTL、LST-TL、STTL 等类型。单极型集成电路的制作工艺简单，功耗也较低，易于制成大规模集成电路，代表集成电路有 CMOS、NMOS、PMOS 等类型。

集成电路按用途可分为电视机用集成电路、音响用集成电路、影碟机用集成电路、录像机用集成电路、计算机（微机）用集成电路、电子琴用集成电路、通信用集成电路、照相机用集成电路、遥控集成电路、语言集成电路、报警器用集成电路及各种专用集成电路。

集成电路按应用领域可分为标准通用集成电路和专用集成电路。

集成电路按外形可分为圆形（金属外壳晶体管封装型，一般适合用于大功率）、扁平型（稳定性好，体积小）和双列直插型。

1.3 实验常用测量仪器的使用方法

1.3.1 示波器及其应用

示波器是一种用途十分广泛的电子测量仪器。它能把肉眼看不见的电信号变换成看得见的图象，便于人们研究各种电现象的变化过程。示波器利用狭窄的、由高速电子组成的电子束，打在涂有荧光物质的屏面上，就可产生细小的光点。在被测信号的作用下，电子束就好像一支笔的笔尖，可以在屏面上描绘出被测信号瞬时值的变化曲线。利用示波器能观察各种不同信号幅度随时间变化的波形曲线，还可以用它测试各种不同的电量，如电压、电流、频率、相位差、调幅度等。

一、示波器的作用

用来测量交流电流或脉冲电流波的形状的仪器，由电子管放大器、扫描振荡器、阴极射线管等组成。除观测电流的波形外，还可以测定频率、电压强度等。凡可以变为电效应的周期性物理过程都可以用示波器进行观测。

二、示波器的分类及工作原理

示波器分为数字示波器和模拟示波器。

模拟示波器采用的是模拟电路（示波管，其基础是电子枪）电子枪向屏幕发射电子，发射的电子经聚焦形成电子束，并打到屏幕上。屏幕的内表面涂有荧光物质，这样电子束打中的点就会发出光来。

数字示波器则是数据采集，A/D 转换，软件编程等一系列的技术制造出来的高性能示波器。数字示波器一般支持多级菜单，能提供给用户多种选择和多种分析功能。还有一些示波器可以提供存储，实现对波形的保存和处理。

示波器工作原理是：利用显示在示波器上的波形幅度的相对大小来反映加在示波器 Y 偏转极板上的电压最大值的相对大小，从而反映出电磁感应中所产生的交变电动势的最大值的大小。因此借助示波器可以研究感应电动势与其产生条件的关系。

三、示波器的使用方法

示波器虽然分成好几类，各类又有许多种型号，但是一般的示波器除频带宽度、输入灵敏度等不完全相同外，在使用方法的基本方面都是相同的。以 SR-8 型双踪示波器为例介绍。

SR-8 型双踪示波器的面板图如图 1-1 所示。其面板装置按其位置和功能通常可划分为 3 大部分：显示、垂直（Y 轴）、水平（X 轴）。现分别介绍这 3 个部分控制装置的作用。

用示波器能观察各种不同电信号幅度随时间变化的波形曲线，在这个基础上示波器可以应用于测量电压、时间、频率、相位差和调幅度等电参数。下面介绍用示波器观察电信号波形的使用步骤。

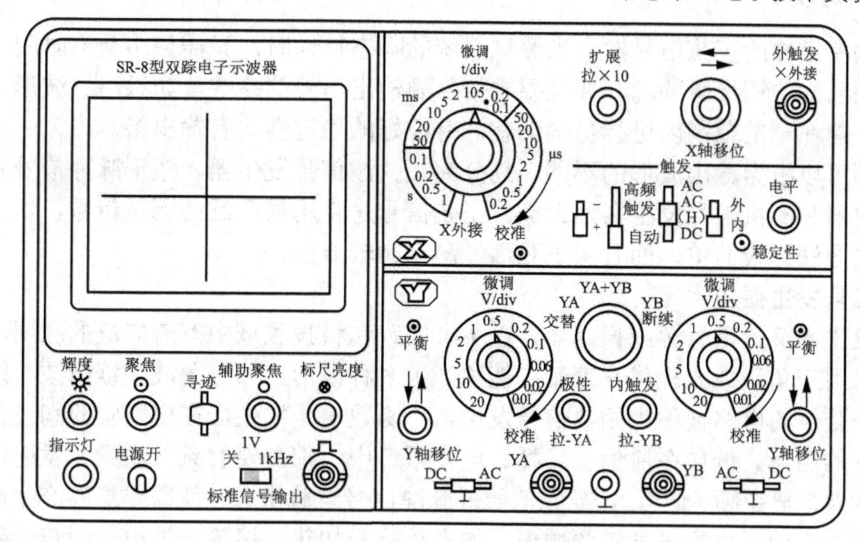

图 1-1　SR-8 型双踪示波器面板装置

1. 选择 Y 轴耦合方式

根据被测信号频率的高低，将 Y 轴输入耦合方式选择“AC-GND-DC”开关置于 AC 或 DC。

2. 选择 Y 轴灵敏度

根据被测信号的大约峰-峰值（如果采用衰减探头，应除以衰减倍数；在耦合方式取 DC 挡时，还要考虑叠加的直流电压值），将 Y 轴灵敏度选择 V/div 开关（或 Y 轴衰减开关）置于适当挡级。实际使用中如不需读测电压值，则可适当调节 Y 轴灵敏度微调（或 Y 轴增益）旋钮，使屏幕上显现所需要高度的波形。

3. 选择触发（或同步）信号来源与极性

通常将触发（或同步）信号极性开关置于“+”或“-”档。

4. 选择扫描速度

根据被测信号周期（或频率）的大约值，将 X 轴扫描速度 t/div（或扫描范围）开关置于适当挡级。实际使用中如不需读测时间值，则可适当调节扫速 t/div 微调（或扫描微调）旋钮，使屏幕上显示测试所需周期数的波形。如果需要观察的是信号的边沿部分，则扫速 t/div 开关应置于最快扫速档。

5. 输入被测信号

被测信号由探头衰减后（或由同轴电缆不衰减直接输入，但此时的输入阻抗降低、输入电容增大），通过 Y 轴输入端输入示波器。

1.3.2　信号发生器

信号发生器是指产生所需参数的电测试信号的仪器。

一、信号发生器简介

凡是产生测试信号的仪器，统称为信号源，也称为信号发生器，它用于产生被测电路所需特定参数的电测试信号。在测试、研究或调整电子电路及设备时，为测定电路的一些电参量，如测量频率响应、噪声系数，为电压表定度等，都要求提供符合所定技术条件的电信号，以模拟在实际工作中使用的待测设备的激励信号。当要求进行系统的稳态特性测量时，需使用振幅、频率已知的正弦信号源。当测试系统的瞬态特性时，又需使用前沿时间、脉冲宽度和重复周期已知的矩形脉冲源。并且要求信号源输出信号的参数，如频率、波形、输出电压或功率等，能在一定范围内进行精确调整，有很好的稳定性，有输出指示。

信号源可以根据输出波形的不同，划分为正弦波信号发生器、矩形脉冲信号发生器、函数信号发生器和随机信号发生器四大类。正弦信号是使用最广泛的测试信号。这是因为产生正弦信号的方法比较简单，而且用正弦信号测量比较方便。

二、信号发生器应用

信号发生器又称信号源或振荡器，在生产实践和科技领域中有着广泛的应用。各种波形曲线均可以用三角函数方程式来表示。能够产生多种波形，如三角波、锯齿波、矩形波（含方波）和正弦波的电路被称为函数信号发生器。函数信号发生器在电路实验和设备检测中具有十分广泛的用途。例如在通信、广播、电视系统中，都需要射频（高频）发射，这里的射频波就是载波，把音频（低频）、视频信号或脉冲信号运载出去，就需要能够产生高频的振荡器。在工业、农业、生物医学等领域内，如高频感应加热、熔炼、淬火、超声诊断、核磁共振成像等，都需要功率或大或小、频率或高或低的振荡器。

三、信号发生器使用方法

选用与验电器相同电压等级的验电信号发生器。手持验电器工作部分（验电器头）将发生器的电极头接触被测验电器的电极头，按动“工作”开关，此时验电器发出声光信号表明验电器的性能完好，如无声光指示表明验电器有故障，应修理或更换后使用。检测近电报警安全帽时只须将高压信号发生器的电极头靠近报警器按动“工作”开关即可。

1.3.3 毫伏表

毫伏表是一种用来测量正弦电压的交流电压表，主要用于测量毫伏级以下（mV，μV）的交流电压。例如电视机和收音机的天线输入的电压，中放级的电压和这个等级的其他电压。

一、毫伏表工作原理

一般万用表的交流电压挡只能测量 1 V 以上的交流电压，而且测量交流电压的频率一般不超过 1 kHz。这一节介绍的毫伏表，测量的最小量程是 10 mV，测量电压的频率可以由 50 Hz～100 kHz，是测量音频放大电路必备的仪表之一。毫伏表使用三个普通晶体管、一块 100 μA 表头和一些其他元件，电路简单，制作容易。被测信号电压从接线柱输入到毫伏表中，Rl～R18 组成的衰减器是为适应不同量程而设置的。10 mV 挡不经衰减直接输入，也就是毫伏表的最高灵敏度是 10 mV。R19 是为提高输入阻抗而设置的。D1、D2 是为防止输入电压过大，使 BGl 的 B～E 结被击穿而设置的。BG1～BG3 组成三级阻容耦合音频放大器。由 BG2 集电极经过 C5、R29、W 到 BG1 发射极引入的负反馈有稳定增益、减小放大器失真的作用，调整 W 可以调整毫伏表的灵敏度。BG3 发射极的电阻 R33 起到稳定整机增益的作用，C3 是为防止自激而设置的。用 BG3 集电极输出放大的音频信号，经过 C9 隔直流，R35 限流，D4～D7 整流，变成直流电，推动表头 CB 指针偏转。图 1-2 所示为双通道交流毫伏表。

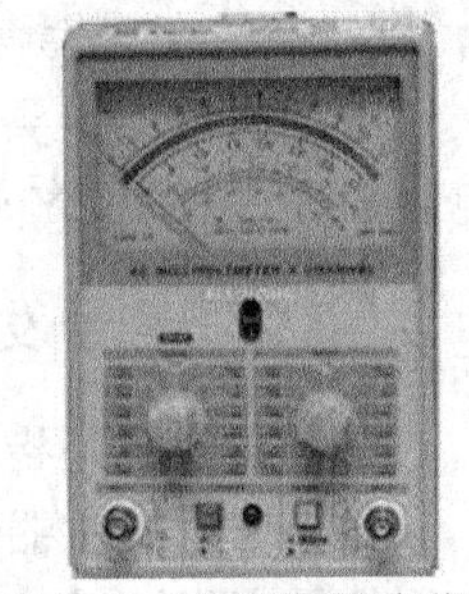

图 1-2 双通道交流毫伏表

二、毫伏表的用途

毫伏表的用途是测量毫伏级以下（mV，μV）的交流电压。例如电视机和收音机的天线输入的电压，中放级的电压和这个等级的其他电压。

三、毫伏表使用方法

（1）测量前应短路调零。打开电源开关，将测试线（也称开路电缆）的红黑夹子夹在一起，将量程旋钮旋到 1 mV 量程，指针应指在零位（有的毫伏表可通过面板上的调零电位器进行调零，凡面板无调零电位器的，内部设置的调零电位器已调好）。若指针不指在零位，应检查测试线是否断路或接触不良，应更换测试线。

（2）交流毫伏表灵敏度较高，打开电源后，在较低量程时由于干扰信号（感应信号）的作用，指针会发生偏转，称为自起现象。所以在不测试信号时应将量程旋钮旋到较高量程挡，以防打弯指针。

（3）交流毫伏表接入被测电路时，其地端（黑夹子）应始终接在电路的地上（成为公共接地），以防干扰。

（4）调整信号时，应先将量程旋钮旋到较大量程，改变信号后，再逐渐减小。

（5）交流毫伏表表盘刻度分为 0～1 和 0～3 两种刻度，量程旋钮切换量程分为逢一量程（1 mV、10 mV、0.1 V…）和逢三量程（3 mV、30 mV、0.3 V…），凡逢一的量程直接在 0～1 刻度线上读取数据，凡逢三的量程直接在 0～3 刻度线上读取数据，单位为该量程的单位，无需换算。

（6）使用前应先检查量程旋钮与量程标记是否一致，若错位会产生读数错误。

（7）交流毫伏表只能用来测量正弦交流信号的有效值，若测量非正弦交流信号要经过换算。

（8）注意：不可用万用表的交流电压挡代替交流毫伏表测量交流电压（万用表内阻较低，用于测量 50 Hz 左右的工频电压）。

1.3.4 万用表

万用表又称为复用表、多用表、三用表、繁用表等，是电力电子等部门不可缺少的测量仪表，一般以测量电压、电流和电阻为主要目的。万用表按显示方式分为指针万用表和数字万用表。万用表是一种多功能、多量程的测量仪表，一般万用表可测量直流电流、直流电压、交流电流、交流电压、电阻和音频电平等，有的还可以测交流电流、电容量、电感量及半导体的一些参数（如 β）等。

一、万用表的基本介绍

万用表不仅可以用来测量被测量物体的电阻和直流电流，还可以测量交直流电压，甚至有的万用表还可以测量晶体管的主要参数以及电容器的电容量等。充分熟练掌握万用表的使用方法是电子技术的最基本技能之一。常见的万用表有指针式万用表和数字式万用表。指针式多用表是以表头为核心部件的多功能测量仪表，测量值由表头指针指示读取。数字式万用表的测量值由液晶显示屏直接以数字的形式显示，读取方便，有些还带有语音提示功能。万用表是公用一个表头，集电压表、电流表和欧姆表于一体的仪表。

万用表的直流电流挡是多量程的直流电流表；表头并联闭路式分压电阻即可扩大其电流量程。万用表的直流电压挡是多量程的直流电压表；表头串联分压电阻即可扩大其电压量程。分压电阻不同，相应的量程也不同。万用表的表头为磁电系测量机构，它只能通过直流，利用二极管将交流变为直流，从而实现交流电的测量。

二、万用表的结构组成

万用表由表头、测量电路及转换开关 3 个主要部分组成。如图 1-3 所示。

图 1-3 数字万用表

万用表是电子测试领域最基本的工具，也是一种使用广泛的测试仪器。万用表又叫多用表、三用表（A，V，Ω 也即电流，电压，电阻三用）、复用表、万能表。万用表分为指针式万用表和数字万用表，还有一种带示波器功能的示波万用表，是一种多功能、多量程的测量仪表。一般万用表可测量直流电流、直流电压、交流电压、电阻和音频电平等，有的还可以测交流电流、电容量、电感量、温度及半导体（二极管、三极管）的一些参数。数字式万用表已成为主流，已经取代模拟式仪表。与模拟式仪表相比，数字式仪表灵敏度高，精确度高，显示清晰，过载能力强，便于携带，使用也更方便简单。

三、操作规程

（1）使用前应熟悉万用表各项功能，根据被测量的对象，正确选用挡位、量程及表笔插孔。

（2）在对被测数据大小不明时，应先将量程开关置于最大值，而后由大量程往小量程挡处切换，使仪表指针指示在满刻度的 1/2 以上处即可。

（3）测量电阻时，在选择了适当倍率挡后，将两表笔相碰使指针指在零位，如指针偏离零位，应调节“调零”旋钮，使指针归零，以保证测量结果准确。如不能调零或数显表发出低电压报警，应及时检查。

（4）在测量某电路电阻时，必须切断被测电路的电源，不得带电测量。

（5）使用万用表进行测量时，要注意人身和仪表设备的安全，测试中不得用手触摸表笔的金属部份，不允许带电切换挡位开关，以确保测量准确，避免发生触电和烧毁仪表等事故。

四、万用表使用注意

（1）在使用万用表之前，应先进行“机械调零”，即在没有被测电量时，使万用表指针指在零电压或零电流的位置上。

（2）在使用万用表过程中，不能用手去接触表笔的金属部分，这样一方面可以保证测量的准确，另一方面也可以保证人身安全。

（3）在测量某一电量时，不能在测量的同时换挡，尤其是在测量高电压或大电流时，更应注意。否则，会使万用表毁坏。如需换挡，应先断开表笔，换挡后再去测量。

（4）万用表在使用时，必须水平放置，以免造成误差。同时，还要注意到避免外界磁场对万用表的影响。

（5）万用表使用完毕，应将转换开关置于交流电压的最大挡。如果长期不使用，还应万用表内部的电池取出来，以免电池腐蚀表内其他器件。

第2章 电子技术基础实验

实验1 电子仪器的使用

一、实验目的

（1）学习和掌握常用电子仪器的基本工作原理：示波器、信号源、毫伏表、稳压电源。

（2）掌握常用电子仪器的注意事项，操作方法。

（3）熟练使用双踪示波器观察正弦信号波形和读取波形参数的方法。

二、仪器的基本工作原理和使用方法

低频信号源、毫伏表、稳压电源和示波器是测量、调试和研究电子线路的常用基本仪器，用它们来测试模拟电子电路的静态和动态工作情况，研究电子电路的特征和规律。本实验着重熟悉和掌握示波器的基本操作方法和注意事项。通过本次实验后，要求能正确、熟练地使用这些基本仪器。

（1）将各种仪器调整到正确的初始状态。

（2）GVT-417B交流毫伏表（Millivolt Meter）是专门用来测量交流电压的仪器。在使用时，首先在不通电情况下对表指针进行机械调零，然后，将量程开关挡调在100 V挡上，打开电源开关（Power），将测试信号连接到输入端测试，调节量程开关直到指针在大于刻度表的三分之一处。这样，读数比较容易和准确。

（3）EM1642信号源是多种信号发生器，能产生正弦波、方波、三角波、脉冲波及锯齿波等波形。使用方法：打开电源开关，按下所需选择波形的功能开关，当需要脉冲波和锯齿波时，拉出并转动VARRAMP/PULSE开关，调节占空比，此时频率显示值除以10，其他状态时关掉。然后，调节幅度旋钮至需要的输出幅度。

（4）GOS-620是可移动、双通道示波器，频率范围从直流到20 MHz，灵敏度每格5 mV。如图2-1所示。

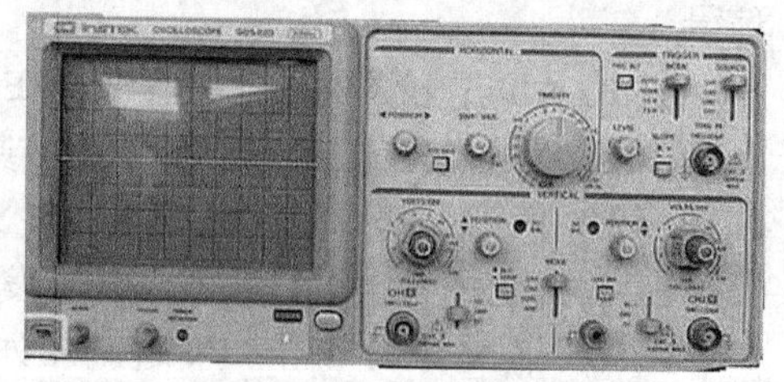

图2-1 GOS-620双通道示波器

GOS-620使用方法如下。

① 前面板介绍。

● **CRT：屏幕**

POWER——仪器电源开关，当开关接通时，发光管亮。

INTEN——聚焦旋钮，控制光点和光线的亮度。

FOCUS——度旋钮，控制光点的大小和光线的粗细。

TRACE ROTATION——半固定电位器，使水平扫描线和荧光屏方格线平行。

● **Vertical Axis：垂直轴**

CH1（X）input——垂直输入通道 1，当在 X-Y 操作时，X 轴输入端。

CH2（Y）input——垂直输入通道 2，当在 X-Y 操作时，Y 轴输入端。

AC-GND-DC——输入信号和垂直放大器选择模式连接开关。（AC：交流耦合；GND：垂直放大器输入接地而且输入端信号不能接入；DC：直流信号耦合）

VOLTS/DIV——选择垂直轴灵敏度波段开关，从每格 5 mV 到每格 5 V 共 10 个量程。

VARIABLE——垂直轴灵敏度微调旋钮，作用范围大于指示值的 1/2.5。当在 CAL 位置时，灵敏度和指示值一致，当这个旋钮被拉出来时，放大器灵敏度放大 5 倍。

CH1&CH2 DC BAL——衰减器平衡调节。

▲▼POSITION——垂直位置旋钮，控制扫描线或光点的垂直方向位置。

VERT MODE——通道选择开关，选择 CH1 和 CH2 放大器的操作类型，有以下 4 种。

CH1：示波器只能作为单通道仪器操测试 CH1 通道。

CH2：示波器只能作为单通道仪器操测试 CH2 通道。

DUAL：示波器作为双通道仪器交替测试 CH1 通道和 CH2 通道。

ADD：示波器显示两个信号的代数和（CH1+CH2）或代数差（CH1-CH2），压下 CH2 INT 按钮就是差（CH1-CH2）。

ALT/CHOP——这个开关在双踪模式下断开时，通道 1 和通道 2 输入是交替显示（通常使用快速扫描）；这个开关在双踪模式下闭合时，通道 1 和通道 2 输入是竞争且同时显示（通常使用慢速扫描）。

CH2 INV——转换键，当 CH2 INV 开关键压下，输入 CH2 的信号转换。

● **Trggering：触发控制**

EXT TRIG IN INPUT TERMINAL——外触发端，输入端使用外触发信号时使用这个端，把 SOURCE 开关打到 EXT 位置。

SOURCE——信号触发选择端，选择内部触发源信号或外部触发输入信号。有以下 5 种。

CH1：当 VERT MODE 通道开关设在 DUAL 或 ADD 状态，选择 CH1 作为内部触发源信号。

CH2：当 VERT MODE 通道开关设在 DUAL 或 ADD 状态，选择 CH2 作为内部触发源信号。

TRIG.ALT：交替触发开关，当 VERT MODE 通道开关设在 DUAL 或 ADD 状态，并且 SOURCE 信号触发选择端处在 CH1 或 CH2 位置，按下 TRIG.ALT 开关，它将交替选择 CH1&CH2 作为内部触发发源信号。

LINE：选择 AC 交流频率作为触发信号。

EXT：通过 EXT TRIG IN 端施加外部信号作为外部触发源信号。

SLOPE——出发极性选择。“＋”为上升沿触发；“－”为下降沿触发。

LEVEL——电平旋钮，是为了显示稳定不动的波形和设立起始点的波形。调“＋”时，触发电平朝大于显示波形电平方向移动；调“－”时，触发电平朝小于显示波形电平方向移动。

TRIGGER MODE——触发方式，用来选择希望的触发方式。有以下4种。

AUTO：当没有触发信号应用或触发信号小于25 Hz时，扫描运动在自由方式。

NORM：当没有触发信号应用，扫描是处于准备状态，使用初级的观察信号频率小于25Hz。

TV-V：这项设立是观察完全垂直电视信号图像。

TV-H：这项设立是观察完全水平电视信号图像。

- **TIME BASE：时间基准**

TIME/DIV——时间基准波段开关，它的扫描时间范围从0.2 μs～0.5 s。

X-Y——当把这个仪器作为一个X-Y示波器时选这个位置。

SWP.VAR——扫描时间控制标准，这个控制工作类似CAL，而且校准扫描时间和TIME/DIV指示值一致。

◂▸POSITION——水平位置旋钮。

×10 MAG——当按钮压下时扫描时间放大10倍。

② 基本操作——单通道操作。

a．按下电源开关POWER，确信电源指示灯亮，20 s后，光线将出现在屏幕上。

- 用亮度INTEN旋钮和聚焦FOCUS调节出大小、亮度合适的扫描线。
- 调节CH1垂直旋钮使扫描线和屏幕中心线重合。
- 将测试线连接到通道CH1上，并施加2 V P-P方波信号电压到测试线头上。

b．把AC-GND-DC开关打在AC位置，在屏幕上出现方波波形。

- 调节聚焦旋钮使扫描线最清晰。
- 为了观察信号，调节VOLTS/DIV和TIME/DIV波段开关使信号大小、疏密合适，在屏幕清楚显示。
- 调节◂ ▸POSITION和▴ ▾POSITION旋钮，使信号出现在合适的位置，以使屏幕上的波形和电压幅度、时间刻度相对应，能正确读数。

三、实验步骤

（1）将各仪器的旋钮和控制开关都置于初始位置，一定要说明，测量仪器输入端选最大挡，输出仪器选最小挡。另外，各仪器初始位置如下。

① 毫伏表在不通电的情况下，指针为零，量程最大。

② 信号源、稳压直流电源输出应最小，并且输出端不能短路。

③ 输出最小，示波器输入挡应放在最大挡，聚焦“FOCUS”、亮度“INTEN”、垂直和水平“POSITION”旋钮都放在中间位置，触发模式“TRIGGER MODE”选在AUTO挡。

（2）打开电源，观察仪器是否正常，调节信号源频率至要求值，用毫伏表监测调节信号源输出电压至要求值，再将信号源输出的信号接入示波器，观察波形并按表2-1测量并填表。

表 2-1

f（Hz）		100 Hz 2 V	1 kHz 1.5 V	10 kHz 1.0 V	50 kHz 0.5 V	100 kHz 0.1 V
信号源	幅度					
	频率					
毫伏表	量程					
	读数					
示波器	幅度					
	周期					

四、实验报告要求

（1）字迹工整，认真分析实验现象。

（2）熟悉示波器工作原理和注意事项。

五、思考题

（1）毫伏表使用时应注意什么事项？

（2）屏幕上波形太密或太宽应如何调节？

（3）屏幕上波形太大或太小应如何调节？

实验2 晶体管极性的判别及参数测试

一、实验目的

（1）掌握数字万用表的使用方法及特点。

（2）学习用数字万用表判别晶体管的好坏，区分三个管脚及管子类型的方法。

（3）加深对三极管各参数的理解。

二、实验内容和步骤

1．用数字表测试三极管

用测试三极管极间电阻的方法可以判别三极管的三个管脚和管子类别（NPN、PNP）。

（1）数字表欧姆挡工作原理。

欧姆挡等效电路如图2-2所示。它是由表头、电池、电阻R、内阻r串联组成，要记住数字表面板上“+”端与内部的电池正极对应，即红表笔连电池正极，黑表笔连电池负极。

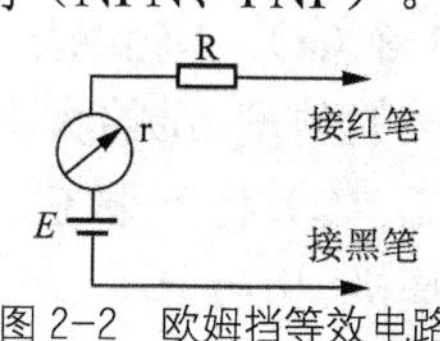

图2-2 欧姆挡等效电路

当被测电阻 $R_W=\infty$ 时，通过表头的电流 $I=0$，表针无偏转。该点就标志电阻为∞Ω。当 $R_W=0$ 时，通过表头的电流正好是表头所允许的最大电流，此时表针偏到右端（满量程），该点标志电阻为0Ω。如果 $R_W=r$，此时通过表头的电流

$$I=\frac{E}{R_W+r}=\frac{E}{2r}=\frac{1}{2}I_m$$

表针正好指向中间位置，即中值电阻 r。因此用欧姆挡不仅可以直接读出被测元件的阻值，还可以间接地测得元件的电流。例如：测某元件时，指针指在满度的3/4处，则通过元件的电流

$$I=\frac{3}{4}\cdot\frac{E}{r}$$

基于上述思想，可利用欧姆挡测 I_{CEO} 及β的大小。

（2）用万用表测三极管。

在确定基极b及分辨三极管类别，利用PN结正向电阻小，反向电阻大的原理确定b，并分辨PNP、NPN型管。步骤如下。

先将一支表笔固定在某一管脚上，另一支先后接到其余两个管脚上，如果测得阻值都很大（或都很小），而后将表笔调换，重复上述过程时与调换前恰好相反——阻值都很小（或都很大），则可以认定表笔所固定的管脚为b，若不符合上述结果，则可另换管脚重复上述过程，直到符合为止。

若两个阻值都很小的一次固定基极b的是黑笔，则为PNP管；反之如阻值大则为NPN管。

在判别c和e时，对于一些小功率锗管（如3AX31）根据正接（红表笔接e，黑表笔接c）电阻小，反接（红表笔接c，黑表笔接e）阻值大的原理，可以用比较电阻的办法把c和e分辨出来。例如我们要分辨3AX31的e和c，可将b悬空，两支表笔分别接另外两只管脚，测得阻值为 R_1，然后将表笔对调测得阻值为 R_2，若 $R_1>R_2$，则第二次红笔所接管脚即为c。

对于小功率硅管来说，由于正反接电阻差不明显，所以用上述方法往往达不到预期的目的，可以用比较反向β大小的原理来确定c和e，我们用数字表的欧姆挡与三极管接成基本放大电路。如图2-3所示。

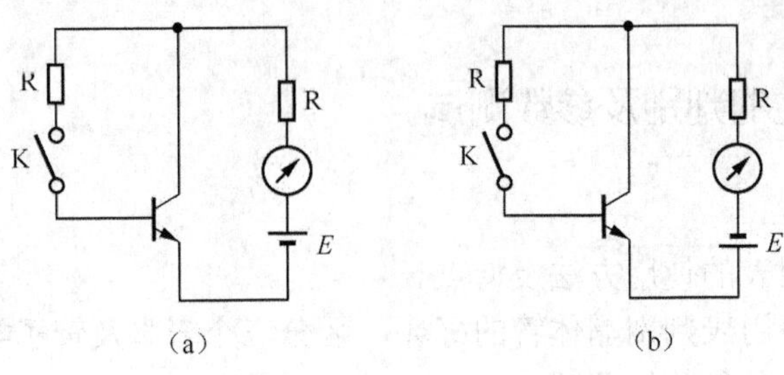

（a） （b）

图 2-3

图 2-3（a）为正接，而图 2-3（b）为反接，K 断开时表头内只有很小的穿透电流流过，而当 K 闭合时，有基极电流注入，由于β的放大作用，I_c就较大，因为正向接法β值大，故图 2-3（a）中流经表头的电流变化将比图 2-3（b）的大，也就是说根据 K 接通前后表头指针偏转的角度$\Delta\varphi$的大小把 c 和 e 分辨出来。具体步骤如下：

① 将 b 悬空，两笔分别接另外两极，并用手捏紧红笔所接管脚，然后用该手一个手指碰基极（相当于图 2-3 中 K 闭合，人体电阻相当于 R_b），记下受碰基极前后表指针偏转的差值$\Delta\varphi1$；

② 将表笔调换（仍用手捏红笔所接管脚），重复上述过程，记下表针偏转的差值$\Delta\varphi2$；

③ 比较$\Delta\varphi1$ 和$\Delta\varphi2$ 的大小，$\Delta\varphi$大的哪次红笔所接的管脚即为 c，另一脚为 e。

这个方法同样适合于 PNP 管，只不过表笔极性应与测 NPN 型管时相反。

（3）检验三极管的好坏。

要检验一只管子是已经坏了，还是可以继续使用，只需检查管子的 PN 结就可以判断。be 极、bc 极间各为一个 PN 结，可用数字表的二极管的检测挡测它们的正反电阻。一只好管，PN 结应有较小正向电阻和较大的反向电阻。如果某 PN 结，表笔正反接后测得阻值均极小甚至为零，或极大甚至为无穷大，那就表明管子的 PN 结已经短路或是断路。ce 极间如果正反向电阻均极小说明管子已穿通损坏。

2. 用图示仪测三极管的主要低频参数

（1）用标示法或数字表判别法识别出三极管的 3 个电极。然后插入晶体管特性图示仪的管座中。

（2）按晶体管特性图示仪的使用方法进行测试。

（3）测试记录：填表 2-2。

表 2-2

晶体管型号	状态	β	类型

三、思考题

（1）用两个二极管正极或负极连在一起形成类似三极管的两个 PN 结，那么它是否可以代替 PNP 型及 NPN 型三极管？为什么？

（2）总结思考用数字表测试二极管和三极管的方法。

实验 3 单级放大电路

一、实验目的

(1) 学习晶体管放大电路的设计方法。

(2) 观察静态工作点对放大倍数及输出波形的影响。

(3) 测量放大器的电压放大倍数、输入电阻、输出电阻及最大不失真输出电压测试方法。

(4) 进一步熟悉示波器、晶体管毫伏表、信号发生器、稳压电源和万用表的使用方法。

(5) 了解电路参数对技术指标的影响。

二、电路元件

三极管3DG6，2SC9013，电阻若干，电解电容若干，100 kΩ电位器一只。

三、实验电路原理

单级低频放大器参考电路如图 2-4 所示。

电路参数：E_C=12 V，VT 为 3DG6，电流放大倍数在实验时给定，R_{B1}=20 kΩ，R_{B2}=20 kΩ，R_W=100 kΩ，R_C=2.4 kΩ，R_E=1 kΩ，R_B=910 Ω，R_L=2.2 kΩ，C_E=50 μF，C_1=C_2=10 μF。

结合图 2-4 说明此电路的作用及静态工作点稳定的阻容耦合放大器电路的特点，它能将频率在几十 Hz 到几百 kHz 的低频信号进行不失真放大。

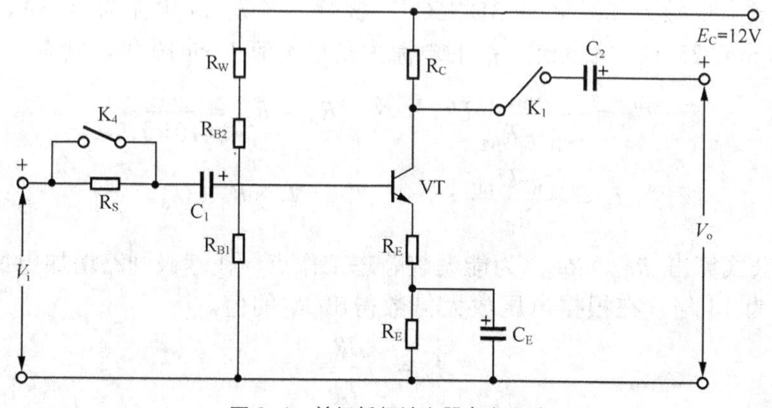

图 2-4 单级低频放大器参考电路

1. 通过公式说明静态工作点对放大倍数的影响

由于电压放大倍数为

$$A_V = -\frac{\beta R_L // R_C}{r_{be}}$$

对于固定负载来说 $R_L//R_C$ 是不变的，A_V 只决定于β及 r_{be} 之值。

而

$$r_{be} = r_{bb} + (\beta + 1)\frac{26(mV)}{I_e(mA)}$$

如忽略 r_{bb} 时，且 $\beta \gg 1$，则

$$r_{be} \approx \frac{26R_L^{`}}{I_E}$$

所以

$$A_V = -\frac{\beta R_L^{`}}{\beta \frac{26}{I_E}} \approx -\frac{R_L^{`}}{26} I_E$$

上式说明 I_E（$I_C \approx I_E$）对电压放大倍数的影响作用很大，设置合适的 I_E，能得到较大的放大倍数。

2. 静态工作点对输出波型的影响

在晶体管的输出特性曲线上，有三个区域，即截止区、放大区和饱和区。在模拟应用晶体管时，要使静态工作点处于放大区合适位置，如果接近截止区、饱和区，输出波形就会出现对应的截止失真和饱和失真现象。

3. 静态工作点的测量与调试方法

调整放大器的静态工作点，应在输入信号为零的状态下进行，即将放大输入端与地端短接，然后选用量程合适的直流毫安表和直流电压表，分别测量晶体管的集电极电流 I_C 以及各电极对地电位 U_B、U_C、U_E。通常在实验中，为了避免断开集电极，所以采用测量电压，然后算出 I_C 的方法。

四、实验设计步骤

（1）选择放大倍数为 80 倍的 3DG6G 三极管，预设 I_C 电流为 1 mA，则 I_B 电流为 2 mA/80=0.025 mA=25 μA，设流过 R_{B1} 的电流为基极电流 I_B 的 10 倍，则有

$$U_B = \frac{R_{B1}}{R_{B1}+R_{B2}} U_{CC} \quad 及 \quad R_{B1}+R_{B2} = \frac{U_{CC}}{10 \times I_B}$$

又

$$I_E = \frac{U_B - U_{BE}}{R_E} \approx I_C \qquad U_B = I_E \times R_E + U_{BE}$$

根据上述公式算出 R_{B1}、R_{B2}，为能调整静态工作点，在基极回路增加电位器 R_W。预计电压放大倍数为 14 倍，在根据电压放大倍数得出 R_C 的值。

$$A_V = -\frac{\beta R_C}{r_{be}}$$

（2）按计算得出的值连接线路。经检查无误方可通电，并且要把仪器公共端连接在一起防止干扰。放大电路接线图如图 2-5 所示。

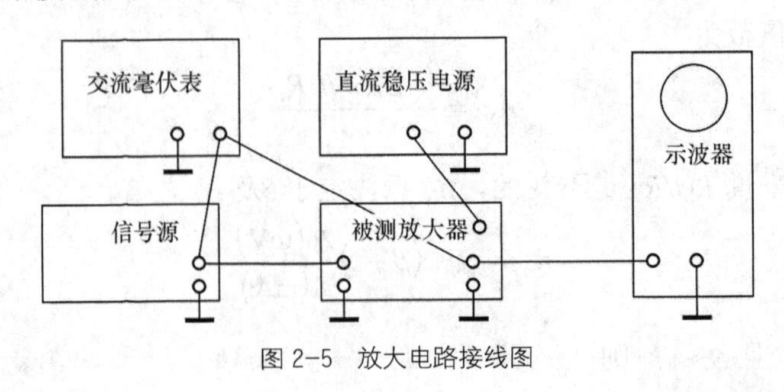

图 2-5 放大电路接线图

① 输入端短路（V_i=0），调静态工作点 I_C=2 mA 左右。测输出电压。

② 静态工作点对放大倍数的影响，调节信号源，使 V_i=20 mV，1 kHz，改变 I_C 测输出电压 V_o，计算 A_V 并填入表 2-3 中。

表 2-3

输入信号					
I_C（mA）	1.0	1.5	2.0	2.5	3.0
V_o					
A_V					

③ 静态工作点对输出波形的影响，输入端加 1 kHz，50 mV（可适当增加输入电压值），按表 2-4 调节上偏电阻 R_W，观察输出波形，并填入表 2-4 中。

④ 固定输入电压 V_i=10 mV，I=2 mA，改变耦合电容和旁路电容，观察输出电压的变化，填入表 2-4 中。

表 2-4

状　　态	R_W 调到最小	R_W 调到最大
失真现象		
I_C 值		
输出幅度		

⑤ 测最大不失真电压，用示波器观察输出波形，同时调节输入信号的幅度和电位器 R_W，使波形刚要同时出现截止失真和饱和失真而没有失真，测量输出电压，并记录。

⑥ 测量输入和输出电阻，将 K_4 断开，使放大器的输入端串入一个固定电阻 R，用交流毫伏表测量出 V_B 和 V_i，按下式算出输入电阻：

$$r_i = \frac{V_B}{I_i} = \frac{V_B}{\dfrac{V_i - V_B}{R_B}} = \frac{V_B}{V_i - V_B} R_B$$

在输出电压不失真情况下，分别测量有载和无载时的输出电压，按下式算出输出电阻。

$$r_o = \left(\frac{v_O}{v_O^{"}} - 1 \right) R_L$$

说明：本实验内容较多，可根据需要选做。

五、思考题

（1）试说明为什么集电极电流增加到一定时输出电压不增加反而减少？

（2）如何正确选择放大电路的静态工作点，在调试中应注意什么？

（3）放大器中哪些元件是决定电路的静态工作点的？

六、实验报告要求

（1）列表整理测量结果，并把实测的静态工作点、电压放大倍数、输入电阻及输出电阻之值与设计理论计算值比较（取一组数据进行比较），分析产生误差原因。

（2）总结 R_C、R_L 及静态工作点对放大器电压放大倍数、输入电阻、输出电阻的影响。

（3）讨论静态工作点的变化对放大器输出波形的影响。

（4）说明旁路电容和耦合电容对放大倍数的影响。

（5）分析讨论在调试过程中出现的问题。

实验4 两级阻容耦合放大器

一、实验目的

（1）学习两级阻容耦合放大电路静态工作点的设计方法。

（2）两级阻容耦合放大电路电压放大倍数的测量方法。

（3）掌握放大电路频率特性的测量方法。

（4）要求学生复习各种仪器的使用方法。

二、实验原理

两级阻容耦合放大器原理图如图 2-6 所示。

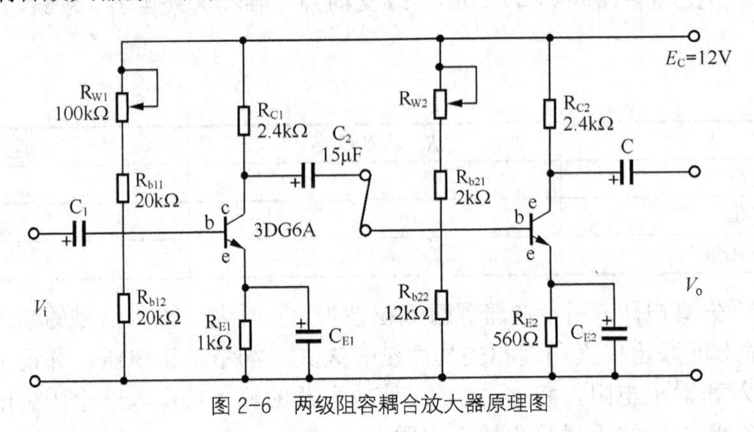

图 2-6 两级阻容耦合放大器原理图

三、设计内容及步骤

（1）结合电路原理图说明两极放大电路前后级之间的影响，及设计时应考虑的问题。

（2）设计静态工作点的方法，因前后级静态工作点互不影响，可以独立设计各级静态工作点。参考单级放大器设计第一级放大，取集电极电流 I_C 为 1.5 mA，调 R_{W1} 使 V_{C1}=8 V 左右，确定第一级静态工作点；设计第二级静态工作点大致在交流负载线的中点，为 $1/2E_C$。第一级电压放大倍数为 12 倍（空载），第二级电流放大倍数 130 倍。

（3）组成电路并测试。

（4）测两级放大倍数的方法如下。

① 接入输入信号 V_i≤5mV、f=1 kHz，用示波器观察一、二级的输出波形有无两种失真现象。若有失真现象，应调整静态工作点或减小 V_i 到波形不失真为止。

② 在输出不失真的情况下，测量并记录第一、二级输出电压 V_{o1} 和 V_{o2}，计算 A_{V1}、A_{V2} 和 A_V，测量并记录第一、第二级的静态工作点 Q_1（V_{B1}、V_{C1} 和 V_{E1}）、Q_2（V_{B2}、V_{C2} 和 V_{E2}）。填入表 2-5 中。

表 2-5

静态工作点						输入输出电压放大倍数					
第一级			第二级			不带负载					
V_{B1}	V_{C1}	V_{E1}	V_{B2}	V_{C2}	V_{E2}	V_i	V_{o1}	V_{o2}	A_{V1}	A_{V2}	A_V

③ 将放大电路第一级的输出与第二级的输入断开，使两级放大电路变成两个彼此独立的单级放大电路，分别测量输入、输出电压，并计算独立的放大倍数，此时的每级皆为空载。将测量数据填入表 2-6 中。

表 2-6

第一级			第二级			两极
输入电压	输出电压	放大倍数	输入电压	输出电压	放大倍数	$A_V \neq A_{V1} \times A_{V2}$

④ 测量两级交流放大电路的频率特性的方法。

改变输入信号频率（由低到高）先大致观察在哪一个上限频率和下限频率时，输出幅度下降，然后保持 $V_i \leqslant 5\text{mV}$，测量 V_o 值记入表中，特性平直部分只测 1、2 个点就可以了，而在特性弯曲部分多测几个点。

四、思考题

（1）各级静态工作点如何选择？阻容耦合放大器各级之间静态工作点有无影响？

（2）要想提高放大倍数应采取什么措施？

（3）要求增大输出幅度应该怎么办？

（4）根据给定的元件和晶体管参数估算放大器的放大倍数 A_{V1}、A_{V2} 和 A_V。

（5）根据实验谈谈级间耦合的影响，及 C_2 的作用。若 C_2 被击穿时，会出现什么现象？

五、实验报告要求

（1）总结两级放大电路静态工作点设计过程。

（2）总结两级放大电路静态工作点对放大倍数及输出波形的影响。

（3）总结两级放大电路前后级之间的相互影响。

（4）列表整理实验数据，画出两级放大电路的频率特性曲线用对数或半对数坐标。

实验 5　负反馈放大器设计

一、实验目的

（1）识别放大器中反馈电路的类别的方法。

（2）通过设计实验电路，加深理解负反馈对放大电路性能的影响。

（3）熟悉放大器性能指标的测量方法。

（4）熟悉对仪器的正确使用方法。

二、实验原理

负反馈放大器由基本放大器和反馈网络组成，如图 2-7 所示。图中，将输入信号 X_i 与反馈信号 X_f 进行比较，得净输入信号 $\dot{X}_i=X_i-X_f$，加到主网络的输入端，主网络的输出信号为 X_o，X_f 就是 X_o 通过反馈网络得到的反馈信号。

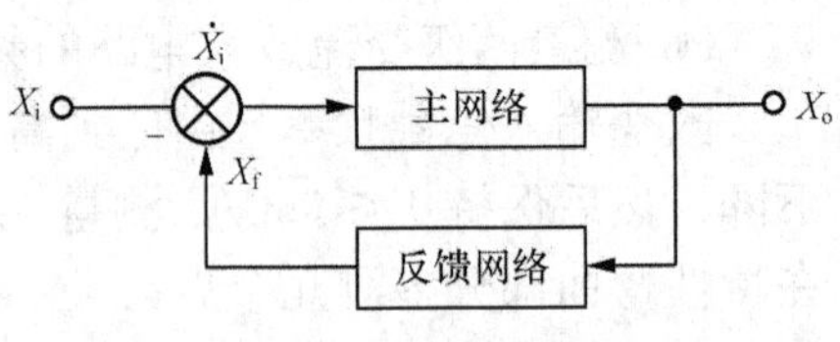

图 2-7　负反馈放大器的方框图

根据主网络和反馈网络的不同连接方式可以组成四种不同类型的负反馈放大器，即电压串联负反馈、电压并联负反馈、电流串联负反馈和电流并联负反馈。对于串联型的负反馈放大器应采用内阻小的信号源，对于并联型的负反馈放大器则应采用内阻大的信号源激励。

（1）通过公式说明负反馈对放大器性能的影响。

① 降低了放大器的增益。

$$A_f=\frac{A}{1+AF} \qquad 1+AF\text{——反馈深度}$$

② 改变了输入电阻。

若设主网络的输入电阻为 r_i，则构成串联负反馈的输入电阻为

$$r_{if}=(1+AF)\,r_i$$

构成并联负反馈的输入电阻为

$$r_{if}=r_i/(1+AF)$$

③ 改变了输出电阻。

若设主网络的输出电阻为 r_o，则构成电压负反馈的输出电阻为

$$r_{of}=r_o/(1+AF)$$

构成电流负反馈的输出电阻为

$$r_{of}=r_o(1+AF)$$

④ 展宽了通频带（不定量的分析）。

（2）本实验设计电压串联负反馈。

（3）实验电路。

实验电路如图 2-8 所示，以电压并联负反馈电路为例。

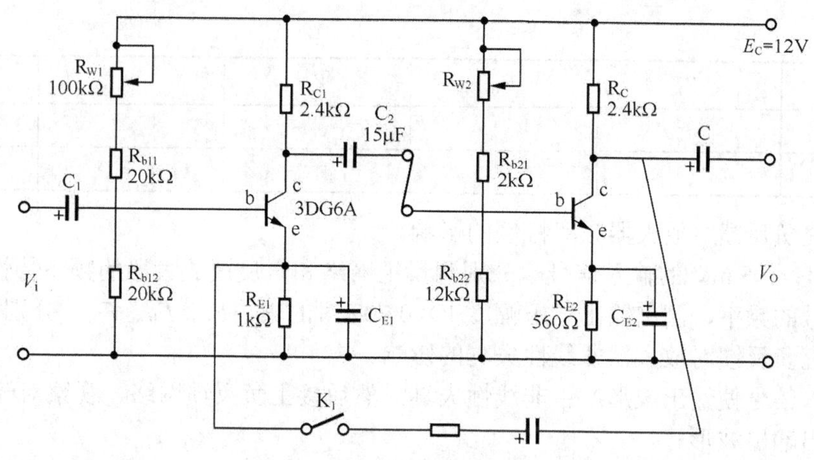

图 2-8　负反馈放大器电路原理图

三、实验内容和步骤

（1）按设计连接线路，并要检查无误后方可让学生通电实验。

（2）调整直流工作状态。调整 R_W 使晶体管的静态集电极电流为 1.5 mA，

（3）研究负反馈对放大增益的影响。

输入信号电压为 20 mV，频率为 1 kHz，分别测量主网络和负反馈放大器的输出电压，计算主网络电压增益和负反馈放大器的电压增益及反馈系数填入表 2-7 中。

表 2-7

电路形式	V_s	V_i	V_o	V_A	V_B	A_v	A_{vf}	F
无反馈								
有反馈								

（4）研究负反馈对放大器输入电阻和输出电阻的影响。

① 输入 20 mV、1 kHz 的输入信号，用换算法分别测量主网络和负反馈放大器的输入电阻，测量方法如下。

$$r_i = \frac{V_i}{I_i} = \frac{V_i}{V_s - V_i} R$$

其中，R 为信号源的外接电阻阻值。将测量值填入表 2-8 中。

表 2-8

电路形式	V_s	V_i	r_i	r_{if}	r
无反馈					
有反馈					

② 测量输出电阻的方法。

输入 1 kHz、5 mV 的输入信号，分别测量主网络和负反馈放大器的输出电阻。将测量数据填入表 2-9 中，其中 V 表示空载时的输出电压，V_o 表示负载时的输出电压。

$$r_o = (\frac{V_o}{\dot{V}_o} - 1) R_L$$

表 2-9

电路形式	V_i	V_o	$\dot{V}_o$	r_o	r_{of}
无反馈					
有反馈					

（5）研究负反馈对放大器频率特性的影响。

输入 1 kHz、5 mV 的输入信号，分别测量主网络和负反馈放大器的频率特性。测量时，改变输入信号的频率，测出输出电压幅度 $V\times0.707$ 时的 F_l、F_h、F_{lf}、F_{hf}，分别计算带宽。

（6）研究负反馈对放大器非线性失真的影响。

调节输入信号使输出波形产生非线性失真，然后接上负反馈网络，观察对输出波形的改善情况并画出输出波形。

四、思考题

（1）根据电路元件参数，估算 A_{vif} 、r_{if} 、r_{of} 、F 之值。

（2）电容器起什么作用？

（3）为什么并联负反馈必须串联较大的源电阻？

五、实验报告要求

（1）画出实验电路图，整理实验数据。

（2）把实验测量的 F、A_{vf}、r_{if} 、r_{of} 值与计算值相比较，分析产生误差的原因。

（3）讨论负反馈对放大器性能的影响。

实验 6　RC 正弦波振荡器设计

一、实验目的

（1）掌握 RC 正弦波振荡器的组成及其振荡条件。

（2）学会设计、测量、调试正弦波振荡器，RC 正弦波振荡器的特点。

（3）验证正、负反馈在实验中的作用。

二、实验原理

从结构上看，正弦振荡器是没有输入信号，带选频网络的正反馈放大器。若用 R、C 元件组成选频网络，就称为 RC 正弦波振荡器，通常用来产生 1 Hz～1 MHz 的低频信号。

1. RC 移相振荡器

电路形式如图 2-9 所示，选择 $R \gg R_i$。

振荡频率：$f_o = \dfrac{1}{2\pi\sqrt{6RC}}$

起振条件：放大器 A 的电压放大倍数$|A|>29$

电路特点：简便，但选频作用差，振幅不稳，频率调节不便，一般用于频率固定且稳定性要求不高的场合。

频率范围：几 Hz 到数十 kHz。

2. RC 串并联（文氏）网络振荡器

电路形式如图 2-10 所示。

振荡频率：$f_o = \dfrac{1}{2\pi RC}$。

起振条件：放大器 A 的电压放大倍数$|A|>3$。

电路特点：可方便地连续改变振荡频率，便于加负反馈稳幅，容易得到良好的振荡波形。

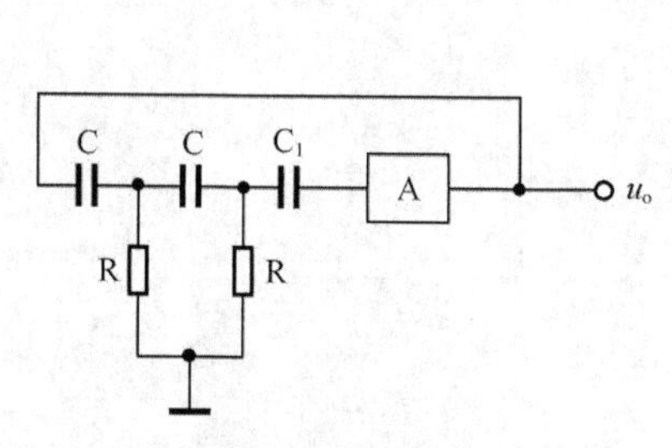

图 2-9　RC 移相振荡器原理图

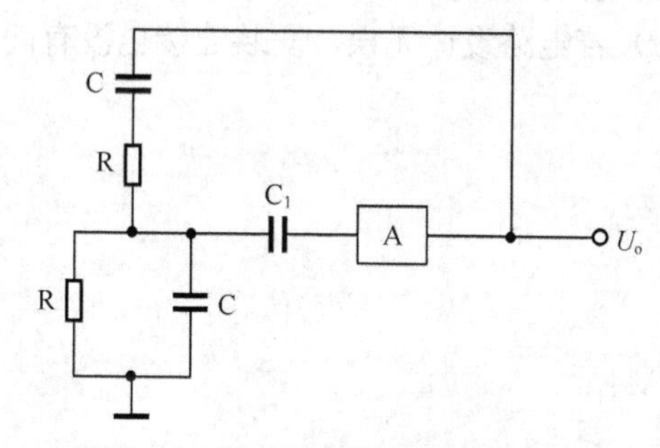

图 2-10　RC 串并联网络振荡器原理图

三、实验内容与步骤

（1）RC 串并联选频振荡器如图 2-11 所示。

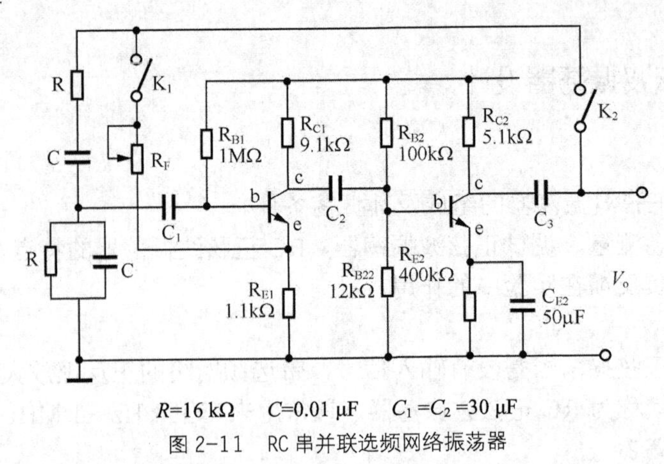

图 2-11　RC 串并联选频网络振荡器

（2）设计连接线路，并经教师检查无误后方可通电实验。

（3）断开 K_2，将线路与 RC 串并联网络隔开，测量放大器静态工作点及电压放大倍数。

（4）合上 K_2，接通 RC 串并联网络，观察起振波形，测出电压波形，再合上 K_2 接通负反馈电路，调节 R 使获得满意的正弦信号，将波形及其参数填入表 2-10 中。

表 2-10

	示波器		毫伏表	频率记
	V_o	F	V_o	F
方波				
正弦波				

（5）测量振荡频率，并与计算值相比较。

四、实验报告要求

（1）将实测值与计算值相比较，分析产生误差的原因。

（2）说明 RC 振荡器的特点。

（3）若电路设计无误，安装连接也没有问题，但通电后电路不起振，应该调哪些元件？为什么？

实验 7　直流差动放大电路的设计

一、实验目的

（1）设计直流差动放大电路，画出电路原理图。

（2）描述差动放大电路工作原理特点，分析零点漂移产生的原因与抑制零漂的方法。

（3）掌握差动放大电路主要性能指标的测试方法。

（4）掌握差动放大电路的结构和工作特点。

二、实验原理

差动放大电路的基本电路原理图，如图 2-12 所示。

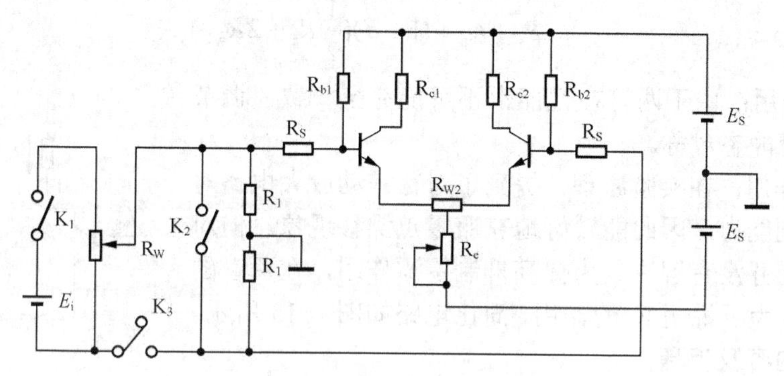

图 2-12　差动放大器原理图

它由两个元件参数相同的基本放大电路组成，它的主要特点是零点漂移十分小，常用做多级直流放大器的前置级或作直流稳压电源的放大级，用以放大微小的直流信号或缓慢变化的交流信号。电位器 R_w 调节晶体管的基极电位为零。电位器 R_{w2} 用来调节 T_1、T_2 管的静态工作点，使得满足输入信号为零，双端输出信号也为零。下面我们就它的一些特点进行分析。

（1）静态时，由于元件的参数对称，所以，$V_{o1}=V_{o2}$，输出 $V_o=V_{o1}-V_{o2}=0$。

（2）当温度升高时，产生零点漂移，但由于两管对称，由零点漂移产生的 $\Delta V_{o1}=\Delta V_{o2}$，所以输出信号电压为

$$V_{o1}=(V_{o1}+V_{o1})-(V_{o2}+V_{o2})=0$$

因此差动放大电路有抑制零点漂移的能力。由于温度变化产生的零点漂移，就相当于在两管的输入端分别加上大小相等、方向相同的输入信号，这种信号我们称它为共模信号。因此我们说，差动放大电路对共模信号没有放大能力。

（3）当差模输入时，在两管的输入端输入大小相等、方向相反的信号，这种信号称为差模信号，即 $V_{i1}=-V_{i2}=\frac{1}{2}V_i$。

现在我们分析电路对差模信号的放大情况，一路单管放大倍数我们是可以由下式求出。

$$V_{o1}=A_{vd1}\times V_{i1}=A_{vd1}\times\left(\frac{1}{2}\times V_i\right)$$

$$V_{o2}=A_{vd2}\times V_{i2}=A_{vd2}\times\left(\frac{1}{2}\times V_i\right)$$

所以：$V_o=V_{o1}-V_{o2}=A_v=\frac{1}{2}(A_{vd1}+A_{vd2})V_i$。

如果，$A_{vd1}=A_{vd2}=A_v$ 时，说明两管分别组成的放大器的电压放大倍数相等。

则：$V_o=A_v\times V_i$

即：$A_{vd}=V_o/V_i$

上式说明，输入差模信号时，放大倍数与点单管放大倍数一样，因此可用下式进行估算。

$$A_{vd}=\frac{-\beta R_c}{R_s+r_{be}+(1+\beta)\frac{R_{w2}}{2}}$$

当共模输入时，在两管的输入端加入大小相等、方向相同的信号，这种信号称为共模信号。如果电路参数完全对称的情况下，差动放大电路对共模信号电压放大倍数为

$$A_c=\frac{-\beta R_c}{R_s+r_{be}+(1+\beta)(\frac{1}{2}R_e+2R_{w2})}$$

（4）R_{w2} 作用：由于两管在性能上不可能完全一致，调节 R_{w2} 可以使两管静态对称。

（5）R_e 的作用：在实验原理，提到了对称差动放大电路对共模信号有抑制能力，因此能较好地克服零点漂移现象。但对每个管子的零漂并没有解决。为提高抑制零漂作用，在两管的发射极接上 R_e。为了说明 R_e 的作用，简化电路如图 2-13 所示。

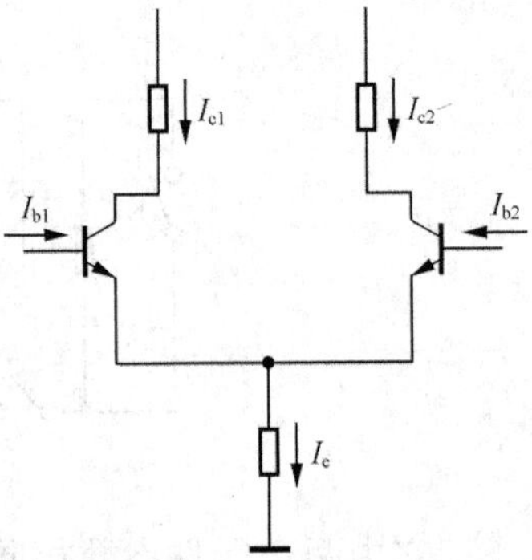

图 2-13 I_e 的作用

三、实验内容及步骤

（1）按设计电路原理图连线，检查实验板元件及电路是否正确，无误后方可通电实验。

（2）测量静态工作点。

将输入端短路并接地，接通直流电源 E_c 、E_e ，调节 R_{w2}（调零电位器），使双端输出电压 $V_o=0$，分别测量两管各电极对地电压，并将结果填入表 2-11 中。

表 2-11

对地电压	V_{c1}	V_{c2}	V_e	V_{b1}	V_{b2}
测量值					

（3）共模输入的研究。

① 合上开关 K_1、K_2，将 K_3 打到“1”位置，这时线路接成共模输入。

② 调节 R_{w1} 使 $V_i=0$ 时，再调节 R_{w2} 使 $V_o=0$。

③ 调节 R_{w1}，改变直流输入信号。测量不同 V_i 下的 V_{o1} 、V_{o2} 、V_o 、V_e 并计算值填入表 2-12 中。

表 2-12

V_i（V）	测量值				计算值			
	V_{o1}	V_{o2}	V_o	V_e	A_{c1}	A_{c2}	A_c	CMRR
0.1								
0.2								
0.3								

（4）差模输入的研究。

① 断开开关 K_2，将 K_3 打到“2”位置，这时线路接成差模输入。

② 调节 R_{w1} 使 $V_i=0$。

③ 调节 R_{w1}，改变直流输入信号。测量不同 V_i 下的 V_{o1}、V_{o2}、V_o、V_e 并计算 A_{d1}、A_{d2}、A_d 值填入表 2-13 中。

表 2-13

V_i（V）	测量值				计算值		
	V_{o1}	V_{o2}	V_o	V_e	A_{V1}	A_{V2}	A_V
0.1							
0.15							
0.2							

四、思考题

（1）调零时是用万用表还是用晶体管毫伏表来测量差动放大器的输出电压？

（2）叙述 R_{w2}、R_e 在电路中所起的作用。

五、实验报告要求

（1）整理实验数据并填入表中。

（2）由电路已知参数估算静态工作点及差模电压放大倍数。并与实验测量值相比较，分析产生误差的原因。

（3）回答思考题。

实验 8　集成运算放大器的设计

一、实验目的

（1）掌握集成运算放大器组成的比例、加法、减法等基本运算电路的功能。

（2）了解运算放大器在实际应用时应考虑的一些问题。

二、实验原理及步骤

运算放大器是一种具有很高的电压倍数的直接耦合多级放大电路。当外部接入不同的线性或非线性元器件组成输入和反馈电路时，可以灵活地实现各种特定的函数关系。在线性应用方面，可以组成比例、加法、减法等模拟运算电路。

1. 反相比例放大器构成方法

反相比例运算电路电路如图 2-14 所示。对于理想运放，该电路的输出电压与输入电压之间的关系为

$$U_o = -\frac{R_F}{R_1}U_i$$

输入信号到输入端，按表 2-14 进行测量，并记录和验证输入输出电压比值是否与上述公式数值相符。

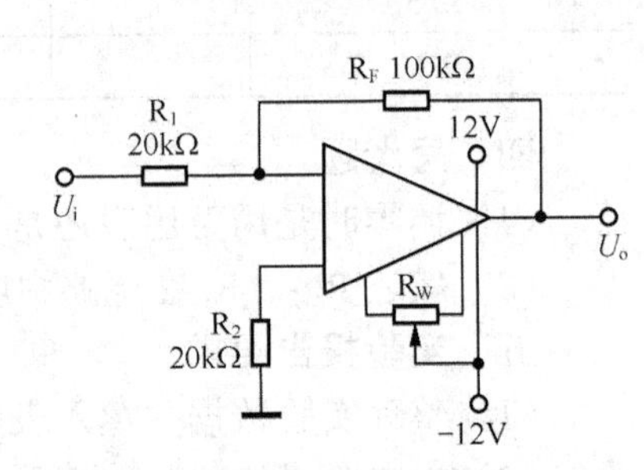

图 2-14　反相比例运算

表 2-14

V_i	0.1 V	0.2 V	-0.1 V	-0.2 V
V_o				
A_V				

2. 同相比例放大器

同相比例运算电路电路如图 2-15 所示，它的输出电压与输入电压之间的关系为 $U_o = (1+\frac{R_F}{R_1})U_i$

输入信号到输入端，按表 2-15 进行测量，并记录和验证输入输出电压比值是否与上述公式数值相符。

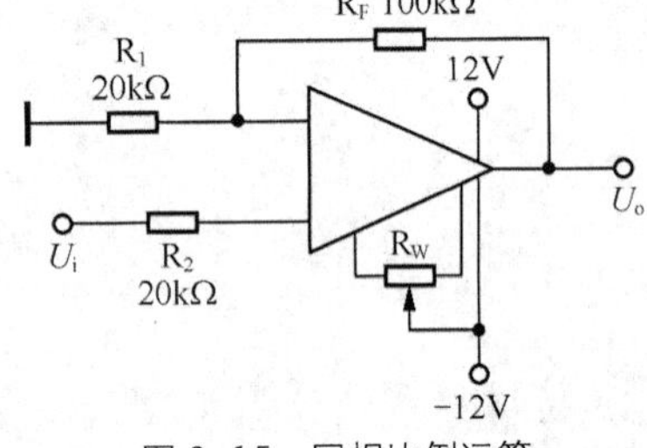

图 2-15　同相比例运算

表 2-15

V_i	0.1 V	0.2 V	-0.1 V	-0.2 V
V_o				
A_v				

三、思考题

（1）纹波电压用什么值表示？

（2）输出电阻的大小对输出电压有什么影响？

四、实验报告要求

（1）要求独立整理实验数据。

（2）将理论计算结果和实测数据相比较，分析产生误差的原因。

（3）分析讨论实验中出现的现象和问题。

实验 9　线性集成稳压电源设计

一、实验目的

（1）掌握线性稳压电源的工作原理，调整管的作用。

（2）设计 5～12 V 直流稳压电源。

（3）研究集成稳压器的特点和性能指标的测试方法。

二、实验原理

一般直流电源由如下几部分组成。

整流变压器：将交流电源电压变换为符合整流需要的电压。

整流电路：利用具有单向导电特性的电子器件，将交流电压转换为单向脉动电压。

滤波电路：减少整流电压的交流成分，以适合负载的需要。

稳压电路：采用负反馈技术，对整流后的直流电压进一步进行稳定。

直流电源的方框图如图 2-16 所示。

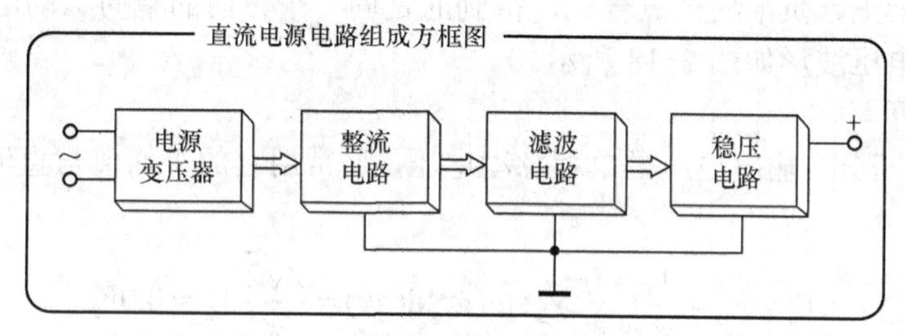

图 2-16　直流电源电路组成方框图

整流电路有单相整流电路和三相整流电路。在单相整流电路里，包括有半波整流电路、全波整流电路和桥式整流电路。下面讨论半波整流电路和桥式整流电路。

1. 单相半波整流电路

（1）工作原理。

单相半波整流电路是最基本的整流电路。整流电路工作时，利用整流二极管的单向导电特性将其作为开关使用。当正半周时，二极管 D 导通，在负载电阻上得到正弦波的正半周。当负半周时，二极管 D 截止，在负载电阻上没有电流通过。因此加在负载电阻上的电压也仅是半个正弦波，是同一个方向的半波脉动电压，该波形如图 2-17 所示。

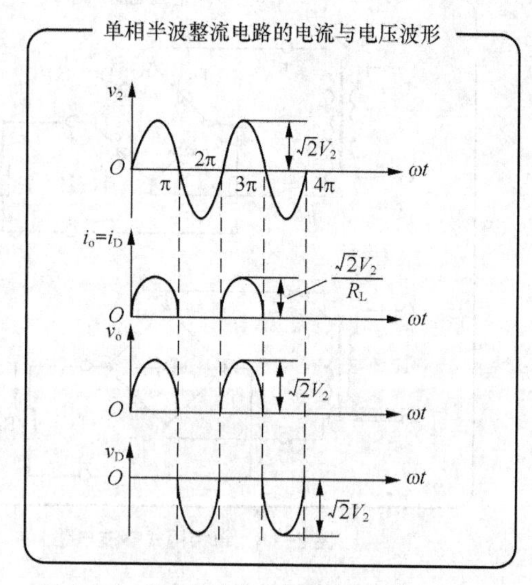

图 2-17　单相半波整流电路的电流与电压波形

（2）参数计算。

输出电压在一个周期内，只是正半周导电，在负载上得到的是半个正弦波。则负载上输出平均电压为

$$V_o = V_L = \frac{1}{2\pi}\int_0^{\pi}\sqrt{2}V_2\sin(\omega t)\mathrm{d}(\omega t) = \frac{\sqrt{2}}{\pi}V_2 \approx 0.45V_2$$

流过负载和二极管的平均电流为

$$I_D = I_L = \frac{\sqrt{2}V_2}{\pi R_L} \approx \frac{0.45V_2}{R_L}$$

二极管所承受的最大反向电压

$$V_{Rmax} = \sqrt{2}V_2$$

2. 单相桥式整流电路

（1）工作原理。

单相桥式整流电路是工程上最常用的单相整流电路，如图 2-18 所示。

整流电路在工作时，电路中的 4 只二极管都是作为开关运用。

当正半周时，二极管 D_1、D_3 导通（D_2、D_4 截止），在负载电阻上得到正弦波的正半周；当负半周时，二极管 D_2、D_4 导通（D_1、D_3 截止），在负载电阻上得到正弦波的负半周。

在负载电阻上正、负半周经过合成，得到的是同一个方向的单向脉动电压。单相桥式整流电路的电流与电压波形如图 2-18 所示。

（2）参数计算。

根据图 2-19 可知，输出电压是单相脉动电压，通常用它的平均值与直流电压等效。其输出平均电压为

$$V_o = V_L = \frac{1}{\pi}\int_0^{\pi}\sqrt{2}V_2\sin(\omega t)\mathrm{d}(\omega t) = \frac{2\sqrt{2}}{\pi}V_2 \approx 0.9V_2$$

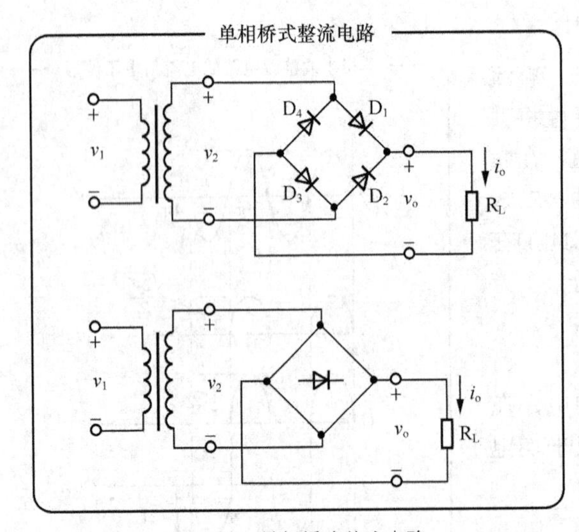

图 2-18 单相桥式整流电路

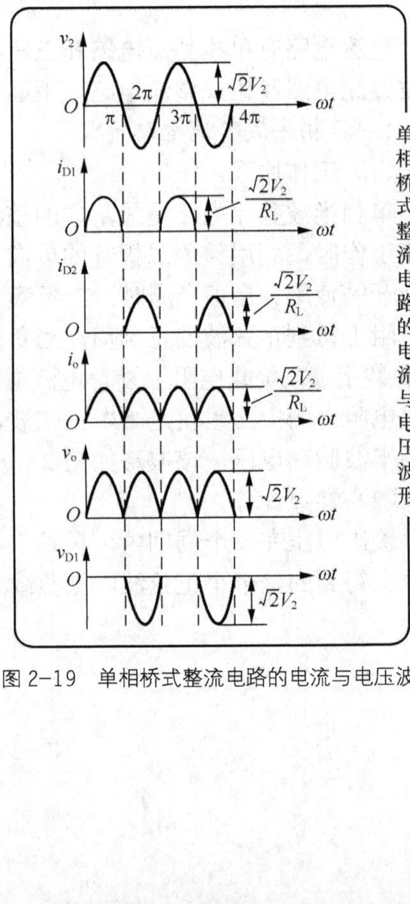

单相桥式整流电路的电流与电压波形

v_2 $\sqrt{2}V_2$ 2π π 3π 4π ωt

i_{D1} $\frac{\sqrt{2}V_2}{R_L}$ ωt

i_{D2} $\frac{\sqrt{2}V_2}{R_L}$ ωt

i_o $\frac{\sqrt{2}V_2}{R_L}$ ωt

v_o $\sqrt{2}V_2$ ωt

v_{D1} $\sqrt{2}V_2$ ωt

图 2-19 单相桥式整流电路的电流与电压波形

流过负载的平均电流为

$$I_L = \frac{2\sqrt{2}V_2}{\pi R_L} \approx \frac{0.9V_2}{R_L}$$

流过二极管的平均电流为 $I_D = \frac{I_L}{2} = \frac{\sqrt{2}V_2}{\pi R_L}$

二极管所承受的最大反向电压 $V_{Dmax} = \sqrt{2}V_2$

流过负载的脉动电压中包含有直流分量和交流分量，可将脉动电压做傅里叶分析，此时谐波分量中的二次谐波幅度最大。脉动系统 S 定义为二次谐波的幅值与平均值的比值。

$$v_0 = \sqrt{2}V_2(\frac{2}{\pi} - \frac{4}{3\pi}\cos 2\omega t - \frac{4}{15\pi}\cos 4\omega t + \cdots)$$

$$S = \frac{4\sqrt{2}V_2}{3\pi} \Big/ \frac{2\sqrt{2}V_2}{\pi} = \frac{2}{3} \approx 0.67$$

3. 电容滤波电路

滤波电路利用电抗性元件对交、直流阻抗的不同，实现滤波。电容器 C 对直流开路，对交流阻抗小，所以 C 应该并联在负载两端。电感器 L 对直流阻抗小，对交流阻抗大，因此 L 应与负载串联。经过滤波电路后，既可保留直流分量，又可滤掉一部分交流分量，改变了交直流成分的比例，减小了电路的脉动系数，改善了直流电压的质量。

（1）电容滤波电路。

以单相桥式整流电容滤波电路为例分析电容滤波的工作原理，电路如图 2-20 所示。显然，该电路只是在桥式整流的负载电阻上并联了一个滤波电容 C。

（2）工作原理。

电容滤波过程见图 2-21。

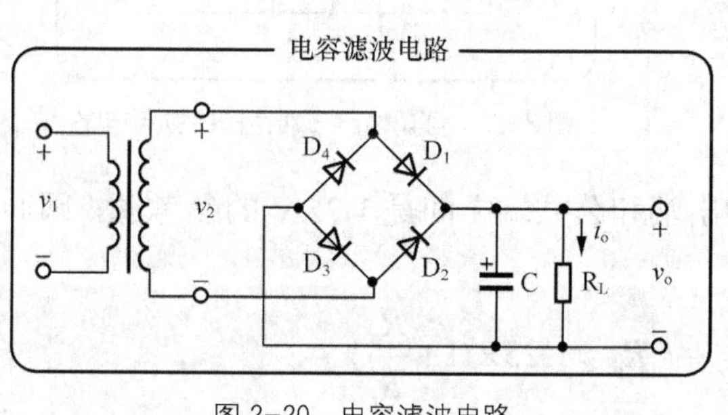

图 2-20 电容滤波电路

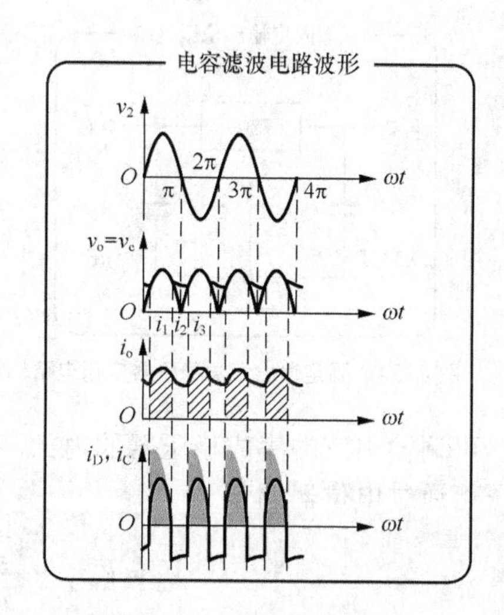

图 2-21 电容滤波电路波形

若 v_2 处于正半周，二极管 D_1、D_3 导通，变压器次端电压 v_2 给电容器 C 充电。此时 C 相当于并联在 v_2 上，所以输出波形同 v_2 ，是正弦波。

当 v_2 到达 $\omega t=\pi/2$ 时，开始下降。先假设二极管关断，电容 C 就要以指数规律向负载 R_L 放电。指数放电起始点的放电速率很大。在刚过 $\omega t=\pi/2$ 时，正弦曲线下降的速率很慢，所以刚过 $\omega t=\pi/2$ 时二极管仍然导通。在超过 $\omega t=\pi/2$ 后的某个点，正弦曲线下降的速率越来越快，当刚超过指数曲线起始放电速率时，二极管关断。所以在 $t_2\sim t_3$ 时刻，二极管导电，C 充电，$V_i=V_o$ 按正弦规律变化；$t_1\sim t_2$ 时刻二极管关断，$V_i=V_o$ 按指数曲线下降，放电时间常数为 R_LC。

需要指出，当放电时间常数 R_LC 增加时，t_1 点要右移，t_2 点要左移，二极管关断时间加长，导通角减小，电容滤波的效果好；反之，R_LC 减少时，导通角增加。显然。当 R_L 很小，即 I_L 很大时，电容滤波的效果不好。所以电容滤波适合输出电流较小的场合。

4. 串联型稳压电路

将线性串联稳压电源和各种保护电路集成在一起就得到了集成稳压器。早期的集成稳压器外引线较多，现在的集成稳压器只有三个外引线：输入端、输出端和公共端。它的电路符号如图 2-22 所示，外形如图 2-23 所示。要特别注意，不同型号、不同封装的集成稳压器，它们三个电极的位置是不同的，要查手册确定。

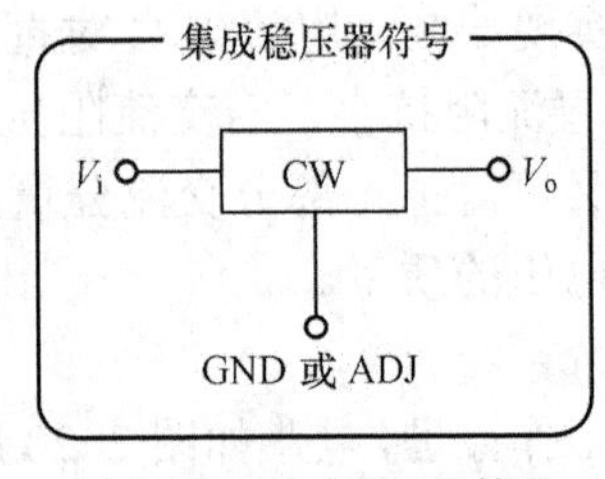

图 2-22 集成稳压器符号

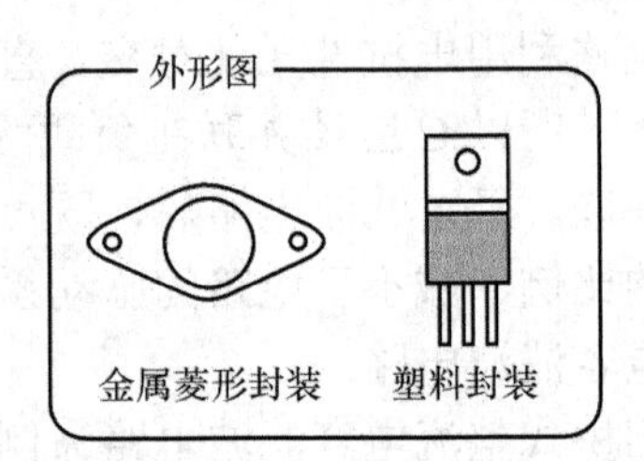

图 2-23 外形图

固定输出三端集成稳压器的典型应用电路如图 2-24 所示，可调输出三端集成稳压器的典型应用电路如图 2-25 所示。

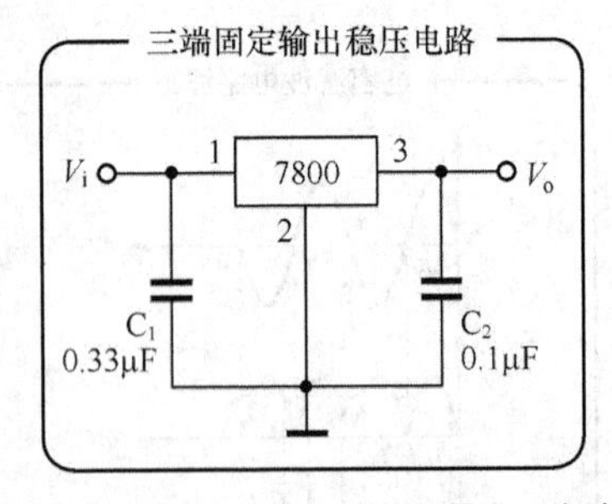

图 2-24 固定输出三端稳压器应用电路

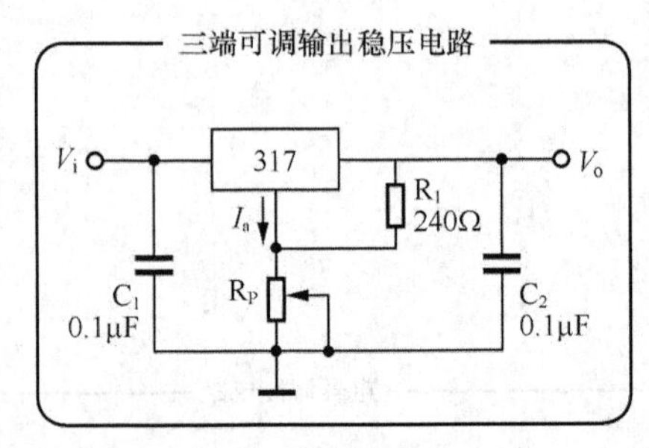

图 2-25 可调输出三端稳压器应用电路

可调输出三端集成稳压器的内部，在输出端和公共端之间是 1.25 V 的参考源，因此输出电压可通过电位器调节。

$$V_o=V_{REF}+\frac{V_{REF}}{R_1}R_p+I_aR_p\approx1.25\times(1+\frac{R_p}{R_1})$$

78、79 系列三端式集成稳压器的输出电压是固定的，在使用中不能进行调整。78 系列三端式集成稳压器输出正极性电压，按 5 V、6 V、7 V、9 V、12 V、15 V、18 V、24 V 分挡，输出电流最大能达 1.5 A（加散热片）。78M 系列的输出电流为 0.5 A，78L 系列的输出电流为 0.1 A。79 系列三端式集成稳压器则输出负极性电压。78、79 三端式集成稳压器有 3 个引出端。

输入端（不稳定电压输入端）——标以“1”。

输出端（稳定电压输入端）——标以“3”。

公共端——标以“2”。

除固定输出三端稳压起外，尚有可调式稳压器，后者可通过外接元件对输出端电压进行调整，以适应不同需要。

本实验采用的集成稳压器为三端可调试稳压器 W317。具体电路如图 2-26 所示，其工作原理与分立元件组成的串联型稳压电源相似，只是稳压电路部分由三端稳压模块代替，整流部分采用桥式全波整流，使电路的组装与调试工作极为方便。

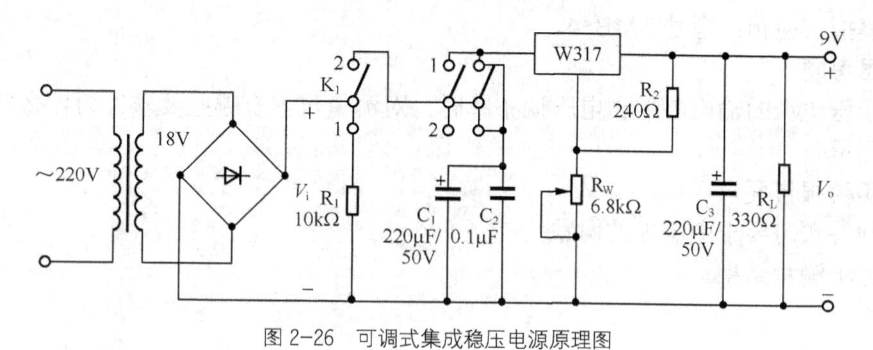

图 2-26　可调式集成稳压电源原理图

三、设计实验内容及步骤

7815 预计 2 V 电压降，因此滤波后电压为 15+2=17 V，滤波后电压为次级电压的 1.1～1.4 倍，本实验取 1.3 倍，故次级电压为 13.07 V，取整为 14 V。

（1）连线。

按图 2-26 或按自己设计连接电路，电路接好后将开关 K_1 在打在“1”处，即将后面电路断开，测量并记录 V_i 波形（即整流波形），再将开关 K_1 在打在“2”处，并将开关 K_2 打在“1”处（即接通滤波电路），观察输出波形，测量并记录 V_i 波形，再将开关 K_2 打在“2”处，如有振荡应消除。调节 R_W 并观察输出电压，如有变化，则电路工作基本正常。

（2）测量稳压电源输出范围。

调节 R_W 用示波器监视输出电压波形，分别测出稳压电路的最大和最小输出电压，以及响应的 V_i 值。

（3）测量稳压块的基准电压（即电阻 240 Ω 两端的电压）。

（4）观察纹波电压。

调节 R_W 使输出电压 V_o 等于 9 V，用示波器观察稳压电路输入电压 V_i 的波形，并记录纹波电压的大小，再观察输出电压的纹波电压 V_o 的大小，将两者进行比较。

（5）测量稳压电源的输出电阻 R_o。

断开 R_L，用数字电压表测量 R_L 两端的电压，记为 V_{o1}；然后接入 R_L，测出相应的输出电压，记为 V_o，用下式计算 R_o。

$$R_o = (\frac{V_{o1}}{V_o} - 1) \times R_L$$

（6）测量稳压电源的电压调整率。

在交流电网与电源变压器之间接入自耦变压器，调节自耦变压器，使输入交流电在 220 V 上正负变化百分之十，用电压表分别测出 V_i 和 V_o 的相应变化值，并用下式计算 S_v。

$$S_v = (\frac{V_{o1} - V_{o2}}{V_o}) \div (V_{i1} - V_{i2}) \times 100\%$$

依此方法设计 5 V、9 V 或其他正负集成稳压电源。

四、实验主要仪器

（1）示波器：型号 GOS-620。

（2）毫伏表：型号 GVT-417B。

（3）信号源：型号 EM1642。

（4）模拟实验箱：型号 TMH-4。

五、思考题

测量稳压电源的输出电阻和电压调整率时，对测量仪器有哪些要求？为什么？通常用哪些仪器来测量？

六、实验报告要求

（1）回答预习要求中所提的问题。

（2）分析测量结果。

实验 10　仪器使用

一、实验目的

（1）了解示波器、函数信号发生器、毫伏表及直流电源的主要技术性能指标。

（2）熟悉示波器、函数信号发生器、毫伏表及直流电源的主要旋钮的功能。

（3）掌握示波器、函数信号发生器、毫伏表及直流电源的使用方法及注意事项。

（4）掌握万用表的使用方法及注意事项。

（5）掌握实验箱的结构和使用方法。

二、实验原理

在电子技术实验里，测试和定量分析电路的静态和动态的工作状况时，最常用的电子仪器有：示波器、函数信号发生器、晶体管毫伏表、数字式万用表、直流稳压电源等。示波器用于测试和观察信号的大小和波形；函数信号发生器用于提供实验所需的信号；毫伏表用于测量交流信号的有效值大小；直流电源用于提供电路的电源，是实验电路能量的来源；数字式万用表主要用于测量普通交直流信号的大小及电阻值。这几种设备的关系如图 2-27 所示。

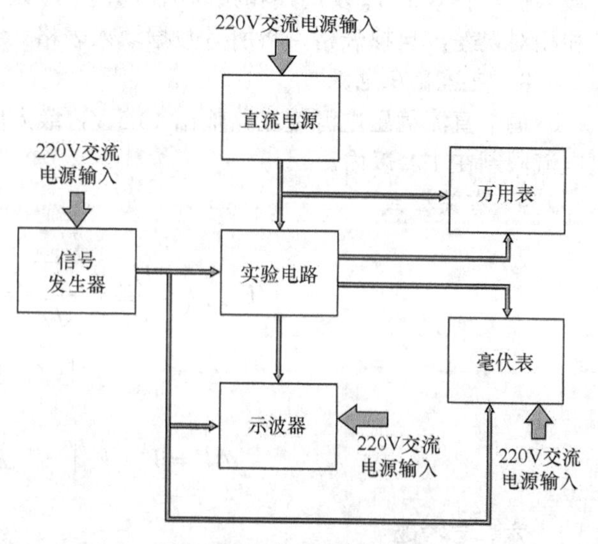

图 2-27　设备之间的连接关系

三、实验设备

（1）UT2025C 型双踪示波器。

（2）DG1022 型函数信号发生器。

（3）WY1970 型交流毫伏表。

（4）DF1731SC2A 型可调直流稳压稳流电源。

（5）VC9802 数字万用表。

（6）ADCL-1 电子技术综合实验箱。

四、实验内容

（1）双踪示波器的用途和使用方法。

（2）信号发生器的用途和使用方法。

（3）交流毫伏表的用途及使用方法。

（4）直流稳压电源的用途和使用方法。

（5）数字万用表的用途及使用方法。

（6）DMS 综合实验箱的用途和使用方法。

五、实验仪器及有关公式

1. 双踪示波器

掌握示波器面板上各按键及旋钮的功能及使用方法。

2. 信号发生器

掌握信号发生器面板上各按键及旋钮的功能及使用方法。

3. 交流毫伏表

掌握交流毫伏表面板上各按键的功能及使用方法。

4. 直流稳压电源

掌握直流稳压电源面板上各按键及旋钮的功能及使用方法。

5. 数字万用表

掌握数字万用表各挡的功能、测量范围、使用方法及注意事项。

6. DMS 踪合实验箱

掌握实验箱的结构及使用方法。

7. 函数信号发生器

调试函数信号发生器，使其输出 V_o=20 mV、f_o=1 kHz 的正弦交流信号（注意：20 mV 是什么值？用哪个仪器测量？），再用示波器测量该正弦交流信号，测出该信号的峰-峰值、最大值、有效值 V_o'及周期和频率 f_o'，并以 V_o及 f_o 为标准值，计算示波器测量值的绝对误差和相对误差，自拟表格，将所有数据填入表格。

8. 直流稳压电源

调节直流稳压电源使左路输出 13.5 V，最大电流限制在 0.5 A 以内；右路输出 5 V，最大电流限制在 1 A 以内。

9. 有关公式

$$U_{有效值}=\frac{U_m}{\sqrt{2}}=\frac{\frac{U_{P\text{-}P}}{2}}{\sqrt{2}}=\frac{U_{P\text{-}P}}{2\sqrt{2}} \qquad f=\frac{1}{T}$$

$$\Delta f=\left|f_o-f_o'\right| \qquad E_f=\frac{\Delta f}{f_o}\times 100\%$$

$$\Delta V=\left|V_o-V_o'\right| \qquad E_V=\frac{\Delta V}{V_o}\times 100\%$$

六、思考题

（1）毫伏表的用途是什么？

（2）简述函数信号发生器频率调整方法及幅度调整方法。

（3）简述万用表直流电压挡及电阻挡的选择原则。

七、实验报告要求

（1）按实验报告单内容认真填写。

（2）简要回答思考题中的 3 个问题。

（3）认真写出实验总结。

（4）写出计算过程。

八、注意事项

（1）注意各仪器的使用方法。

（2）不许随意乱调仪器，调整旋钮前要明确自己想达到什么目的。

（3）调整仪器时，要轻旋、轻按。

（4）读数要细心，准确。

实验 11 共射极单级交流放大电路

一、实验目的

（1）掌握共射极单级电路静态工作点的设置及测量方法。

（2）掌握单级放大电路的输入电阻及输出电阻的测量方法。

（3）掌握单级放大电路电压放大倍数的测量方法。

（4）了解负载电阻对电压放大倍数的影响。

（5）学会分析输出信号的失真类型及失真的原因。

（6）学习电路的连接方法。

（7）进一步熟悉各仪器的使用方法。

二、实验原理

放大电路工作时，三极管必须工作在放大区范围内，而要想使三极管工作在放大状态，必须给三极管设置静态工作点。静态工作点设置的高低 ，将影响输出信号的波形，设置太高，容易使输出产生饱和失真，设置太低，容易使输出产生截止失真。单级放大电路的输入电阻表明该电路对信号源电流的吸入能力，输入电阻越大，对信号源的吸入电流越小，也就是对信号源的影响越小。输出电阻表明放大电路的带负载能力，输出电阻越小，该电路的带负载能力越强。电压放大倍数是电路输出电压与输入电压的比值，输出电压与负载电阻有关，因此，负载电阻将影响电压放大倍数。单级放大电路结构如图 2-28 所示。

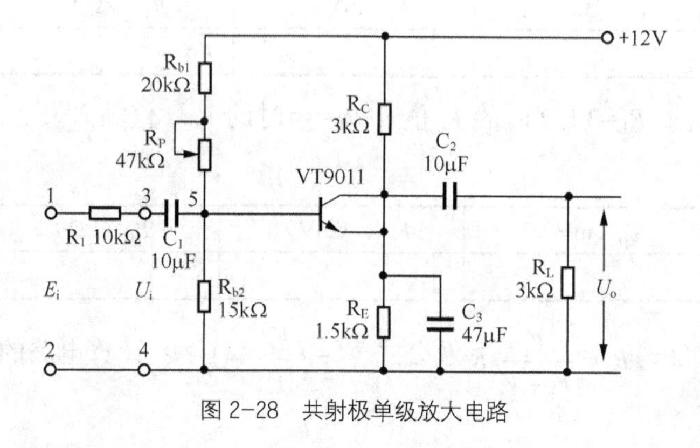

图 2-28 共射极单级放大电路

三、实验设备

（1）UT2025C 型双踪示波器。

（2）DG1022 型函数信号发生器。

（3）WY1970 型交流毫伏表。

（4）DF1731SC2A 型可调直流稳压稳流电源。

（5）VC9802 数字万用表。

（6）ADCL-1 电子技术综合实验箱。

四、实验内容

（1）共射极单级电路静态工作点的设置及测量方法。

（2）单级放大电路的输入电阻及输出电阻的测量方法。

（3）单级放大电路电压放大倍数的测量方法。

（4）负载电阻对电压放大倍数的影响。

（5）分析输出信号的失真类型及失真的原因。

五、实验步骤

（1）按图 2-28 连接电路并认真检查。

（2）调整实验箱中的直流稳压电源（也可以用 DF1731SC2A 型可调直流稳压稳流电源），使其输出为 12 V，接入实验电路。

（3）调整可变电阻值，改变静态工作点，使 U_{CE}=0.7 V。

（4）测量静态工作点的参数：U_{CE}、U_{BE}、I_B、I_C，填入表 2-16 中。

表 2-16

实验测试条件	U_{CE}（mV）	U_{BE}（mV）	I_B（mA）	I_C（mA）
V_i=0				

（5）调整信号发生器，使其输出输出一个 10 mV 左右，频率为 1 kHz 的正弦交流信号，将该信号输入至放大电路的输入端。

（6）用毫伏表测量图 2-28 中 V_i' 及 V_i 的幅度大小填入表 2-17。同时，把电路中 R 的值记入表 2-17 中。

表 2-17

实验及单位	V_i'（mV）	V_i（mV）	R_1（kΩ）	R_i（kΩ）
数值				

（7）用毫伏表测量 R_L=3 kΩ 时的 V_o 值及 $R_L=\infty$ 时的 V_o' 值填入表 2-18 中。

表 2-18

实验及单位	V_o（mV）	V_o'（mV）	R_L（kΩ）	R_o（kΩ）
数值				

（8）计算。依据公式 $R_i=\dfrac{V_i'}{V_i'-V_i}R$ 及公式 $R_o=(\dfrac{V_O'}{V_O}-1)\ R_L$ 计算电路的输入电阻 R_i 和输出电阻 R_o。

依据公式 $A_V=\dfrac{V_O}{V_i}$，计算 R_L=3 kΩ 及 $R_L=\infty$ 时的实测电压放大倍数，再进行理论计算 A_V 数据填入表 2-19 中。

表 2-19

条件＼实验		实测 A_V	理论计算 A_V
V_i= f=1 kHz	R_L= 3 kΩ		
	R_L= ∞		

六、思考题

（1）负载电阻对静态工作点有无影响，对电压放大倍数有无影响？若有，它们是怎样的对应关系？

（2）耦合电容 C_1、C_2 作用是什么？R_{b1} 的作用是什么？

（3）什么是放大电路的静态工作点？

（4）单级放大电路，为什么需要设置静态工作点？

（5）输入电阻和输出电阻分别表征什么意义？

七、实验报告要求

（1）按实验报告单内容认真填写。

（2）任选五个思考题中的三个进行回答。

（3）认真写出实验总结。

（4）写出计算过程。

八、注意事项

（1）注意共射极单级放大电路最佳静态工作点的调整方法。

（2）注意各仪器的使用方法。

（3）不许随意乱调仪器，调整旋钮前要明确自己想达到什么目的。

（4）调整仪器时，要轻旋、轻按。

（5）读数要细心，确保数值准确。

实验 12　TTL 集成门逻辑功能测试与设计

一、实验目的

（1）掌握各种 TTL 集成门电路的逻辑功能。

（2）熟悉 TTL 集成门电路的逻辑功能及测试方法。

（3）学会用 TTL 集成门电路的不同组合来代替其他 TTL 集成门电路逻辑功能的设计方法。

二、实验原理

在数字电路中，门电路是实现某种逻辑关系的最基本的单元，任何复杂的组合电路和时序电路都可用逻辑门通过适当的组合连接而成。因此，掌握逻辑门的工作原理，熟悉、灵活地使用逻辑门，是学习数字电路的基础。本实验在数字学习机上进行，其各种逻辑电路都是由集成 TTL 门电路构成，逻辑关系用正逻辑分析。

1. 与门

逻辑功能为：当输入 A 与 B 均为“1”时，输出才为“1”，其逻辑函数式为$F=A\cdot B$。

2. 与非门

逻辑功能为：当输入 A 与 B 均为“1”时，输出为“0”，其逻辑函数式为$F=\overline{A\cdot B}$。

3. 或门

逻辑功能为：当输入 A 或 B 有一端为“1”时，输出为“1”，其逻辑函数式为$F=A+B$。

4. 或非门

逻辑功能为：当输入 A 或 B 有一端为“1”时，输出为“0”，其逻辑函数式为$F=\overline{A+B}$。

5. 异或门

逻辑功能为：当输入 A、B 信号相同时，输出为“0”；当输入 A、B 信号不同时，输出为“1”。其逻辑函数式为$F=A\oplus B$。

三、实验内容及步骤

1. “与非门”逻辑功能测试

用 74LS20 双四输入与非门和 74LS39 四 2 输入与非缓冲器（OC），它们的管脚引线见附录。

（1）按图 2-29、图 2-30 接好实验电路。

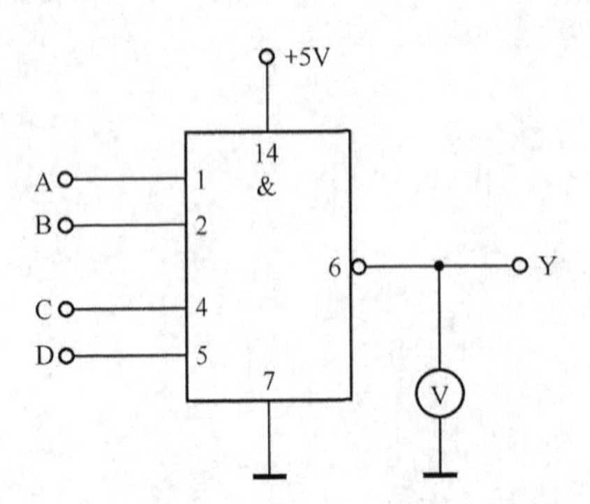

图 2-29　“与非门”74LS20 逻辑功能测试接线图

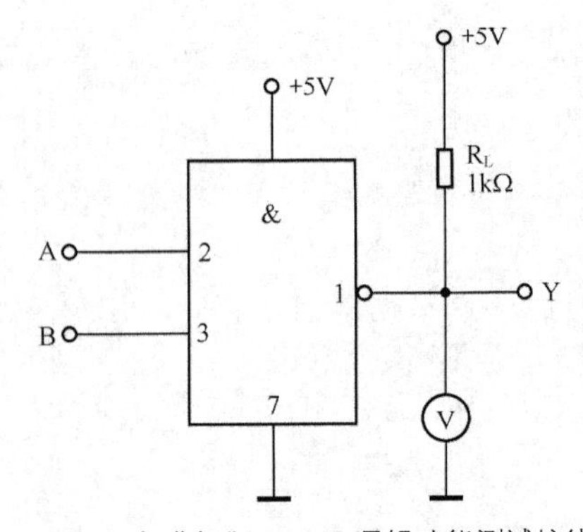

图 2-30　“与非门”74LS39 逻辑功能测试接线图

（2）按表 2-20、表 2-21 要求改变输入量 A、B 的状态，观察并测量各对应输入端下的状态，把测量结果计入表 2-20、表 2-21 中。

表 2-20　　74LS20 测试表

输入				输出电压（V）	输出逻辑状态
A	B	C	D		
0	0	0	0		
0	0	0	1		
0	0	1	1		
0	1	1	1		
1	1	1	1		

表 2-21　　74LS39 测试表

输　　入		输出电压（V）	输出逻辑状态
A	B		
0	0		
0	1		
1	0		
1	1		

2. “或非门”逻辑功能测试

用 74LS02 双输入四正或非门，其管脚引线见附录。

（1）按图 2-31 接好实验电路。

（2）按表 2-22 的要求改变输入量 A、B 的状态，观察并测量各对应输入端 F 的状态，把测量结果计入表 2-22 中。

表 2-22　　74LS02 测试表

输　　入		输出电压（V）	输出逻辑状态
A	B		
0	0		
0	1		
1	0		
1	1		

3. “与或非门”逻辑功能测试

用 74LS51 双 2-3 输入正逻辑与或非门，其管脚引线见附录。

（1）按图 2-32 接好实验电路。

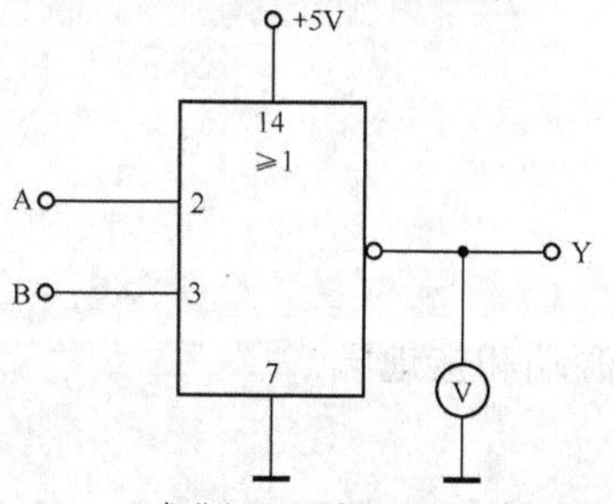

图 2-31　“或非门”逻辑功能测试接线图

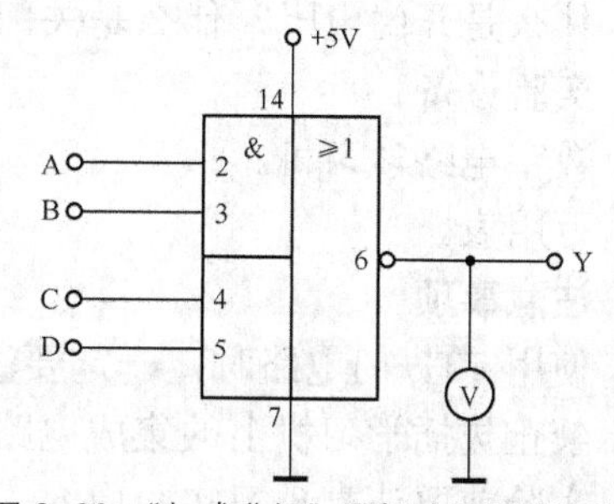

图 2-32　“与或非门”逻辑功能测试接线图

（2）按表 2-23 要求改变输入量 A、B、C、D 的状态，观察并测量各对应输入端 F 的状态，把测量结果计入表 12-4 中。

表 2-23　　74LS51 测试表

输入				输出电压（V）	输出逻辑状态
A	B	C	D		
0	0	0	1		
0	1	1	1		
1	0	1	0		
1	1	0	0		
0	1	0	1		
1	1	0	1		

4. “异或门”逻辑功能测试

用 74LS86 二输入四异或门，其管脚引线见附录。

（1）按图 2-33 接好实验电路。

（2）按表上要求改变输入量 A、B 的状态，观察并测量各对应输入端 F 的状态，把测量结果计入表 2-24 中。

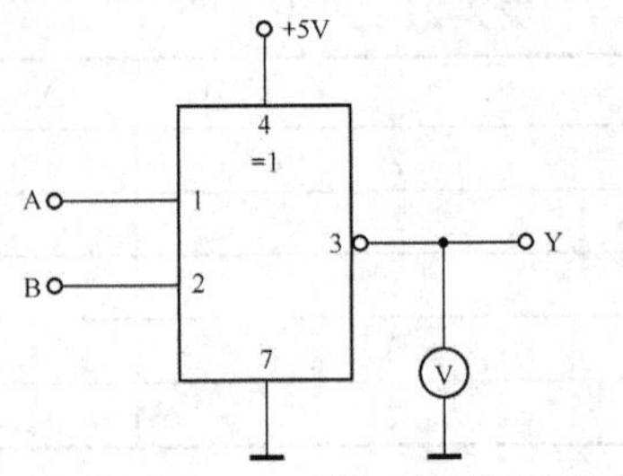

图 2-33 “异或门”逻辑功能测试接线图

表 2-24　　74LS86 测试表

输入		输出电压（V）	输出逻辑状态
A	B		
0	0		
0	1		
1	0		
1	1		

5. 使用 74LS00 与非门实现电路

使用 74LS00 与非门实现电路“与电路”“或电路”“或非电路”“异或电路”。要求写出各种电路的逻辑表达式和真值表，画出逻辑图并在学习机上验证其逻辑功能是否正确。

四、思考题

（1）思考并设计本次实验中所要求的逻辑电路图，写出逻辑表达式。

（2）为什么 TTL 与非门输入悬空相当于输入高电平？

（3）两个 OC 结构的与非门“线与”连接能得到什么样的逻辑功能？

（4）什么是开门电阻？什么是关门电阻？

五、实验设备

（1）数字电路学习机。

（2）万用表。

六、注意事项

（1）使用 TTL 门电路时，一定要注意正确连接电源端和接地端。

（2）禁止拔插学习机上的集成电路芯片。

（3）实验前要认真预习实验内容。

七、实验报告要求

（1）绘出实验线路图。

（2）写出实验要求中逻辑表达式和真值表。

实验 13　组合逻辑电路分析与设计

一、实验目的

（1）掌握集成门电路逻辑功能。

（2）掌握组合逻辑电路分析方法。

（3）掌握组合逻辑电路设计方法。

二、实验原理

1. 组合逻辑电路的分析过程

已知电路→逻辑表达式→最简表达式→真值表→说明电路功能

2. 组合逻辑电路的设计过程

设计要求→真值表→逻辑表达式→最简表达式→逻辑电路图

三、实验内容与步骤

1. 分析图 2-34 的逻辑功能

用两片 74LS00 与非门，其管脚引线见附录。步骤如下。

（1）按图 2-34 接好实验电路。

其中：A、B 接电平输入，C、S 接电平显示。

（2）写出该电路输出 S、C 的逻辑表达式。

（3）按表 2-25 的要求改变 A、B 的输入状态测试 S、C 的实验结果，并将其实验结果填入表 2-25 中。

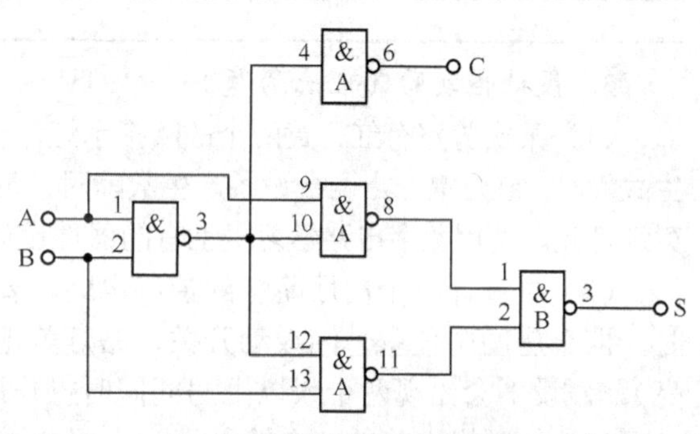

图 2-34　逻辑功能测试的接线图

表 2-25　实验数据

输入		输出	
A	B	C	D
0	0		
0	1		
1	0		
1	1		

（4）分析出图 2-34 电路的逻辑功能。

2. 分析图 2-35 的逻辑功能

用两片 74LS00 与非门，其管脚引线见附录。步骤如下。

（1）按图 2-35 接好实验电路。

（2）写出该电路输出 C、D 的逻辑表达式。

（3）按表 2-26 的要求改变 A、B 的输入状态 C、D 的实验结果，并将实验结果填入表 2-26 中。

（4）分析出图 2-35 的逻辑功能。

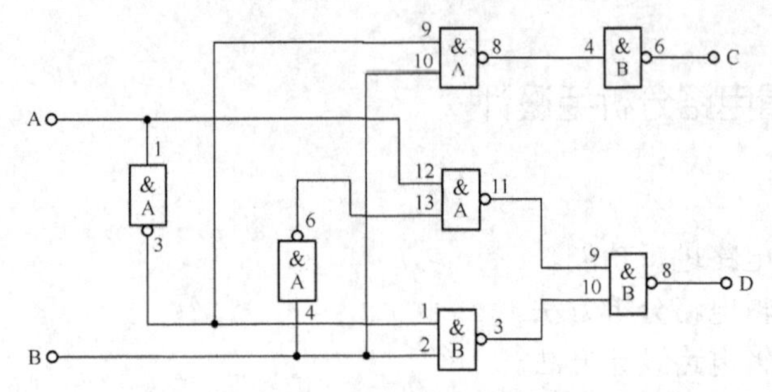

图 2-35 半减器的逻辑功能测试接线图

表 2-26 实验数据

输入		输出	
A	B	C	D
0	0		
0	1		
1	0		
1	1		

3. 设计性实验（任选两题）

（1）某实验室有红、黄两个故障指示灯，用表示 3 台设备的工作情况。当只有一台设备产生故障时，红灯亮；当两台设备产生故障时，黄灯亮；只有 3 台设备同时产生故障时，才会红灯黄灯都亮。使用数字电路学习机上有的器件设计一个控制灯亮的逻辑电路。

（2）试设计一个门厅路灯的控制电路，要求 4 个房间都能独立的控制灯亮灭（即路灯亮时，四个房间中任意一间扳动开关，路灯就熄灭；灯灭时，任何一间房间扳动开关，路灯即亮）。假设不会出现两个或以上房间同时操作路灯的情况。

（3）某逻辑电路的 4 个输入端为一组二进制数码，当该输入为偶数个“1”时，电路的输出为“1”，试用最少的变量数及最少的逻辑门实现此电路。

设计要求如下：

① 根据题意列出真值表；

② 画出卡诺图进行化简；

③ 根据逻辑表达式画出逻辑电路图；

④ 根据你所设计的电路进行实验，检验是否符合设计的要求。

四、实验设备

（1）数字电路学习机。

（2）万用表。

五、思考题

怎样分析一个组合逻辑电路？怎样按要求设计一个组合逻辑电路？

六、实验报告要求

（1）画出实验线路图、逻辑表达式和真值表。

（2）根据设计要求，提出所需的 TTL 门电路型号，完成设计任务。

七、注意事项

（1）门电路的多余输入端应妥善处理。

（2）电路发生故障时，可使用万用表逐级静态跟踪检查。

实验14 触发器的功能测试及其转换

一、实验目的

掌握JK、D触发器逻辑功能及触发方式。

二、实验原理

1. 触发器

触发器是具有记忆功能的二进制信息存储器件。按逻辑功能分有：RS触发器、D触发器、JK触发器、T触发器和T'触发器。按触发形式分有：上升沿触发器、下降沿触发器、高电平触发器和低电平触发器等。

74LS74是上升沿触发的双D触发器，D触发器的特性方程为$Q^{n+1}=D$。

74LS112是下降沿触发的双JK触发器，JK触发器的特性方程为$Q^{n+1}=J\bar{Q}^n+\bar{K}Q^n$。

2. 触发器的功能转换

有时候要用一种类型触发器代替另一种类型触发器，这就需要进行触发器的功能转换。转换方法见表2-27。

表2-27 触发器的转换功能

原触发器	转换成				
	T触发器	T'触发器	D触发器	JK触发器	RS触发器
D触发器	$D=T\oplus Q^n$	$D=\bar{Q}^n$		$D=J\overline{Q^n}+\bar{K}Q^n$	$D=S+\bar{R}Q^n$
JK触发器	$J=K-T$	$J=K=1$	$J=D$ $K=\bar{D}$		$J=S$，$K=R$ 结束条件：SR=0
RS触发器	$R=TQ^n$ $T=T\bar{Q}^n$	$R=Q^n$ $S=\bar{Q}^n$	$R=\bar{D}$ $S=D$	$R=KQ^n$ $S=J\bar{Q}^n$	

三、实验内容与步骤

1. D触发器（74LS74）逻辑功能测试

（1）置位（S_D端）复位（R_D端）功能测试。

按图2-36所示电路接线，按表2-28要求改变S_D、R_D的逻辑状态（D、CP处于任意状态）测试Q、$\bar{Q}$功能，将结果记入表2-28中。

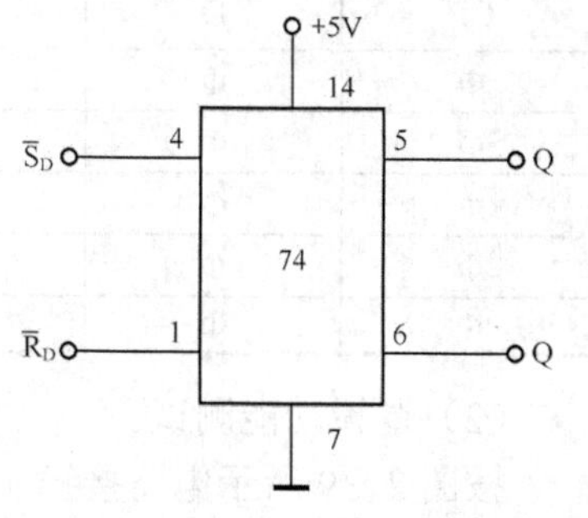

图2-36 D触发器置位、复位功能测试接线图

（2）D触发器逻辑功能测试。

按图2-37所示电路接线，从CP端输入单个脉冲按表2-29的要求，改变各端状态，将测试结果记入表2-29中。

表2-28 实验数据

CP	D	$\bar{S}_D$	$\bar{R}_d$	Q状态	$\bar{Q}$状态
Φ	Φ	1	1→0		
Φ	Φ	1	0→1		
Φ	Φ	1→0	1		
Φ	Φ	0→1	1		
Φ	Φ	0	0		

注：Φ表示任意状态

表 2-29　　实验数据

D	$\overline{S}_D$	$\overline{R}_d$	CP	Q^{n+1}	
				$Q^n=0$	$Q^n=1$
0	1	1	0→1		
	1	1	1→0		
1	1	1	0→1		
	1	1	1→0		

（3）把 D 触发器转变成 T'触发器，把 D 端与 $\overline{Q}$ 端相连，CP 加连续脉冲，用双踪示波器观察波形，并画出 Q 波形。

2. JK 触发器（74LS112）逻辑功能测试

（1）按图 2-38 所示的电路接线，按表 2-30 的要求改变 $\overline{S}_D$ 和 $\overline{R}_d$ 的状态（J、K、CP 为任意状态），观察 Q、$\overline{Q}$ 端状态并将结果记入表 2-30 中。

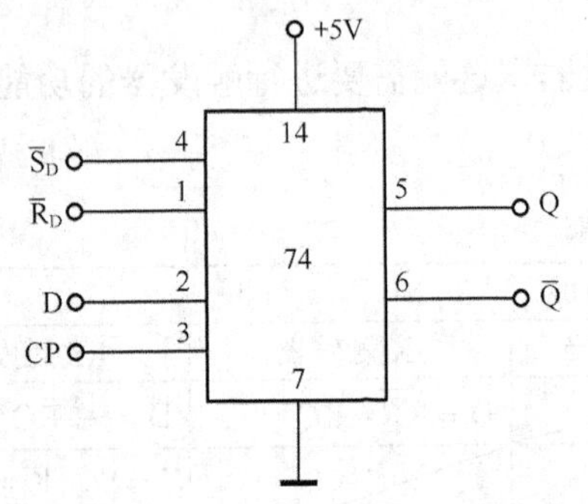

图 2-37　D 触发器功能测试接线图

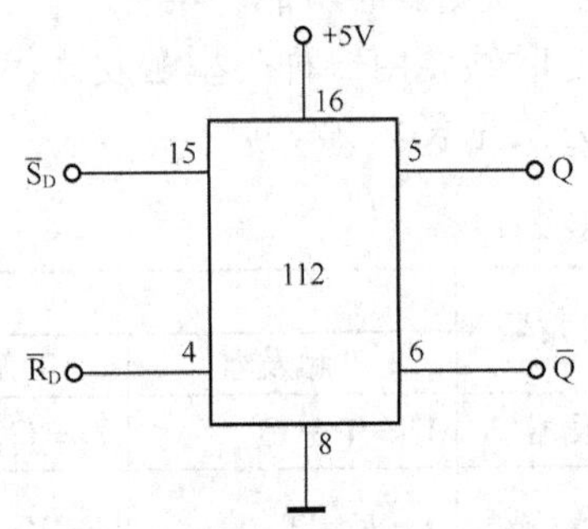

图 2-38　JK 触发器置位、复位功能测试接线图

表 2-30　　实验数据

CP	D	J	$\overline{R}_d$	$\overline{S}_D$	Q 状态	$\overline{Q}$ 状态
Φ	Φ	Φ	1→0	1		
Φ	Φ	Φ	0→1	1		
Φ	Φ	Φ	1	1→0		
Φ	Φ	Φ	1	0→1		
Φ	Φ	Φ	0	0		

（2）逻辑功能测试。

按图 2-39 所示电路接线，按表 2-31 要求进行逻辑功能测试并将结果记入表 2-31 中。

表 2-31　　实验数据

J	K	$\overline{S}_D$	$\overline{R}_D$	CP	Q^{n+1}	
					$Q^n=0$	$Q^n=1$
0	0	1	1	0→1		
				1→0		
0	1	1	1	0→1		
				1→0		
1	0	1	1	0→1		
				1→0		

续表

J	K	$\overline{S}_D$	$\overline{R}_D$	CP	Q^{n+1}	
					$Q^n=0$	$Q^n=1$
1	1	1	1	0→1		
				1→0		

（3）JK 触发器转变成 T'触发器，使 J、K 端悬空，CP 端加连续脉冲，用双踪示波器观察 Q 的波形，并画出波形。

3. 把 JK 触发器转变成 D 触发器

按图 2-40 所示电路接线，按表 2-32 要求进行逻辑功能测试，并将结果记入表 2-32 中。

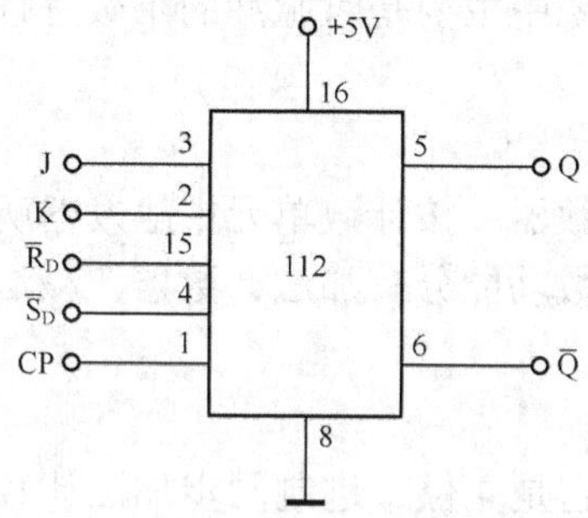

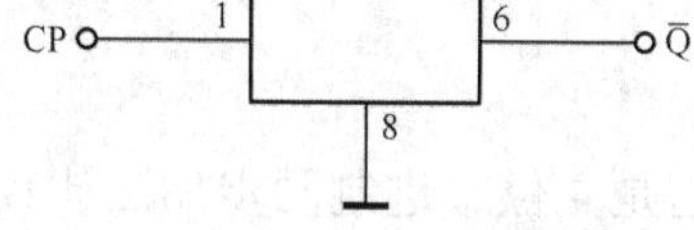

图 2-39 JK 触发器功能测试接线图

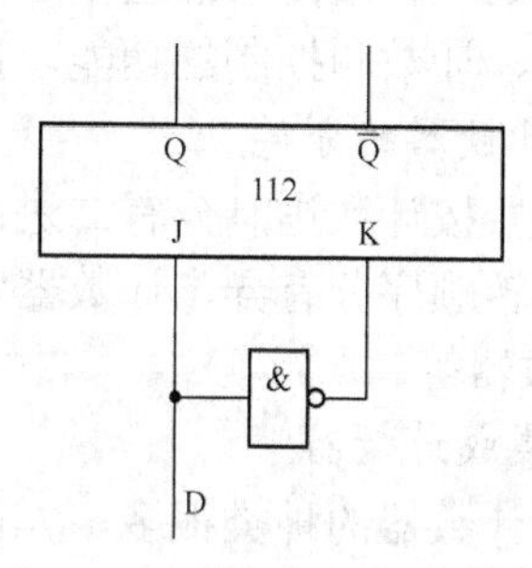

图 2-40 JK 触发器转变成 D 触发器接线图

表 2-32 实验数据

D	CP	Q^n	Q^{n+1}
0	0→1	0	
		1	
	1→0	0	
		1	
1	0→1	0	
		1	
	1→0	0	
		1	

四、实验设备

（1）数字电路学习机。

（2）示波器。

（3）万用表。

五、思考题

JK 触发器转变成 T'触发器与 D 触发器转变成 T'触发器，输出波形有何异同？

六、实验报告要求

（1）将实验原始数据抄写到表格中，说明逻辑功能。

（2）画出与 CP 脉冲响应的各触发器输出端波形，说明其触发方式。

七、注意事项

（1）各芯片电源及接地端的连接是否正确。

（2）各芯片每个引脚的连接是否正确。

实验 15 计数器电路设计

一、实验目的

（1）掌握二进制和十进制加法计数器的工作原理及使用方法。

（2）掌握任意进制计数器的设计方法。

（3）了解显示器件的使用。

二、实验原理

1. 计数器

计数是一种最简单的基本运算，计数器在数字系统中主要是对脉冲的个数进行计数，以实现测量、计数和控制的功能，同时兼有分频功能。

2. 计数器的分类

计数器按计数进制分有二进制计数器和十进制计数器；按计数单元中触发器所接收计数脉冲和翻转顺序分有异步计数器和同步计数器；按计数功能分有加法计数器，减法计数器和加/减计数器等。

3. 集成计数器

集成计数器的种类很多，74LS161 是其中一种，它是 4 位二进制同步加法计数器。

4. 74LS161 实现任意进制的计数器

利用输出信号对输入端的不同反馈，可以实现任意进制的计数器，实现方法有置数法和复位法。

（1）置数法。利用芯片的预置功能，可以实现“16-N”进制计数器，其中 N 为预置数。例如要得到十进制计数器，即 16-N=10，可将 N=6，即预置数为 0110 送入到输入端 D_3、D_2、D_1、D_0，计数器从 0110 开始，在 CP 脉冲的作用下一直计数到 1111，此时，从进位端输出 1，经非门送 LD 端，呈置数状态，其接线图如图 2-41 所示。另一种置数形式如图 2-42 所示。将输入端 D_3、D_2、D_1、D_0 全部接地，当计数器计到 1001 时，此时，输出端 Q_3 和 Q_0 经与非门送 $\overline{LD}$ 端，呈置数状态，当下一个时钟到来时，计数器的输出端等于输入端，其接线图如图 2-42 所示。

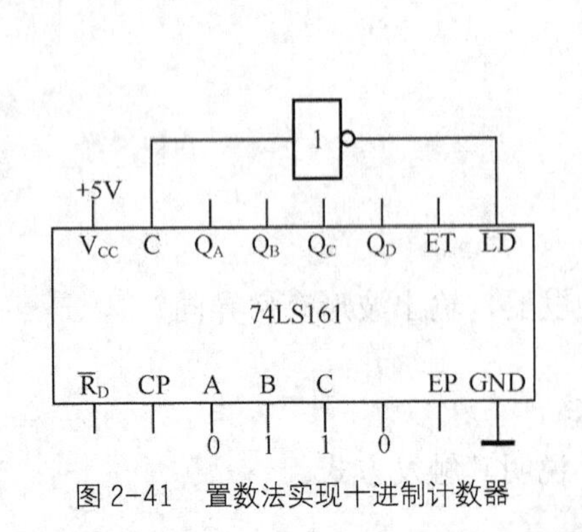

图 2-41 置数法实现十进制计数器

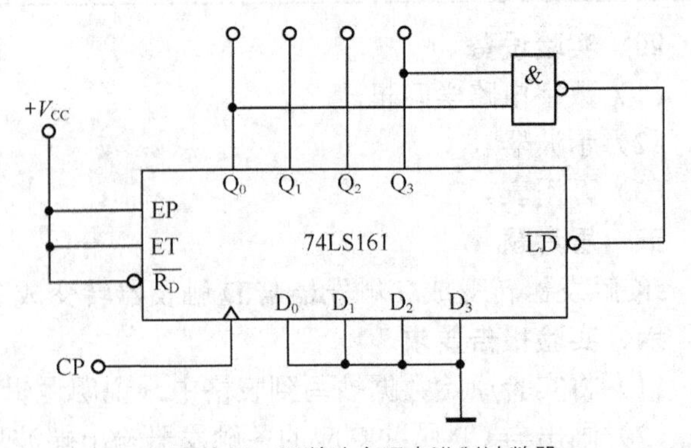

图 2-42 置数法实现十进制计数器

（2）复位法。用复位法实现十进制计数器，当计数器计到 1010 时，Q_3、Q_1 经与非门输出，使复位端 $\overline{R}_D$ 为 0，从而计数器从执行计数变为复位状态，其接线如图 2-43 所示。

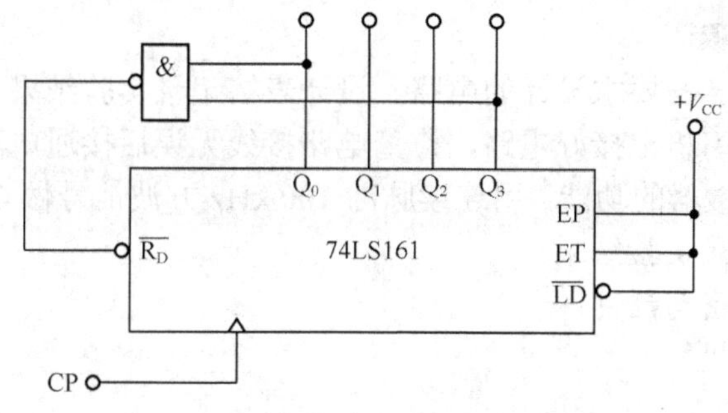

图 2-43 复位法实现十进制计数器

由于 74LS161 是异步清零，所以电路的 1010 状态只是瞬间，它会引起译码器误动作，因此很少采用。

上述介绍的是一片计数器的工作情况，在实际应用中，往往需要多片计数器构成多位计数状态。这里介绍一下计数器的级联方法。级联可分为串行进位和并行进位两种，如图 2-44 所示。串行进位缺点是速度较慢，并行进位速度较快。

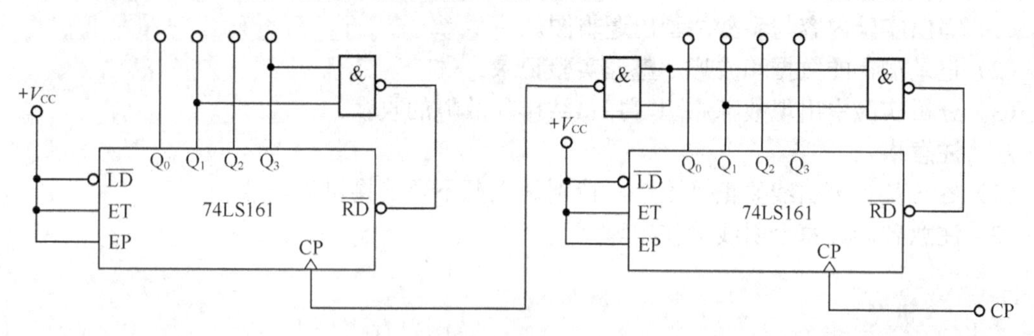

（a）串行进位

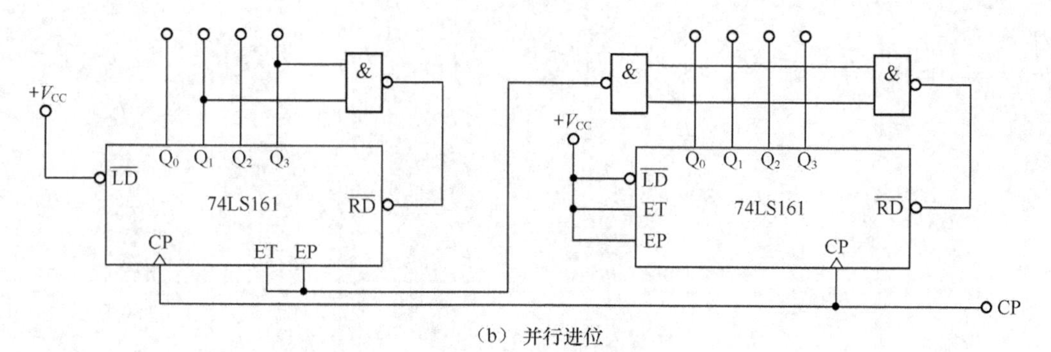

（b）并行进位

图 2-44 串行进位和并行进位

三、设计任务与要求

1. 基本设计任务与要求

（1）设计一个九进制加法计数器，要求用置数法。

（2）设计一个十二进制加法计数器，要求用复位法。

2. 扩展设计任务与要求

设计一个产生 00110011 脉冲序列的信号发生器。

四、实验内容与步骤

（1）按基本设计任务与要求设计的电路，设计表格记录实验结果。

（2）在数字电路学习机上接好电路，检查电路接线无误后接通电源。

（3）测试所设计计数器的功能，用连续脉冲 100 kHz 方波信号做 CP，用示波器观察输出波形，试用单脉冲，记录实验结果。

五、实验仪器、设备与器件

（1）数字电路学习机。

（2）示波器。

（3）万用表。

（4）74LS160，74LS161。

六、思考题

（1）计数器对计数脉冲频率有何影响？怎样估算计数脉冲的最高频率？

（2）74LS161 能否作寄存器？如何应用？

七、实验报告要求

（1）写出实验内容与步骤，画出逻辑图。

（2）记录测得的数据和波形，整理实验记录。

（3）分析实验中出现故障原因，并总结排除故障的收获。

八、注意事项

（1）各芯片管脚引线要正确连接，特别是电源不要连接错误。

（2）注意各芯片每个引线的作用。

实验 16　移位寄存器

一、实验目的

（1）掌握移位寄存器的工作原理，逻辑功能及应用。

（2）掌握二进制码的串、并行转换技术和二进制码的传输。

二、实验原理

移位寄存器除了具有存储代码的功能以外，还具有移位功能。所谓移位功能，是指寄存器里存储的代码能在移位脉冲的作用下依次左移或者右移。

74LS194 是 4 位双向移位寄存器，最高时钟频率为 36MHz，具有并行输入、并行输出、左移和右移的功能。

三、实验内容及步骤

1. 测试单向右移寄存器的逻辑功能

（1）用两块 74LS74 按图 2-45 接好实验电路。S、R、D_1 接电平输出。 Q_1、Q_2、Q_3、Q_4 接电平显示，CP 接单脉冲。

（2）利用直接复位端 $\overline{R_D}$ 先使寄存器清零，4 个 “1”信号寄存于该寄存器中；之后再使 $D_1=0$，在 CP_5～CP_8（4 个 CP）作用下 4 个 “0”信号寄存于该寄存器中，将结果记入表 2-33 中。

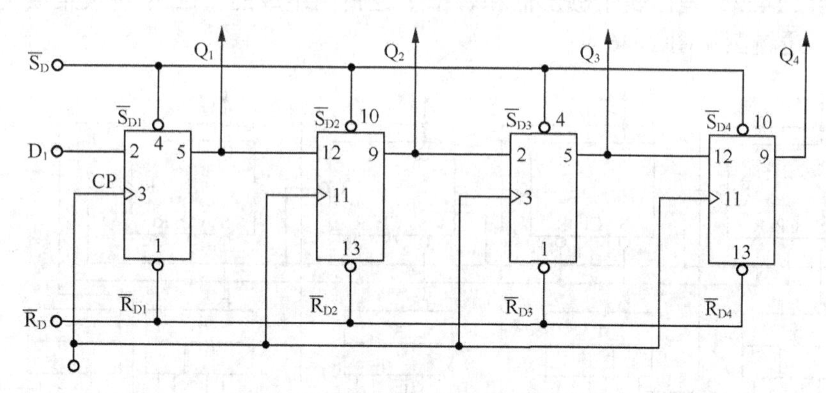

图 2-45　单向右移寄存器

表 2-33　　实验数据

CP	$\overline{R}_D$	$\overline{S}_D$	Q_1	Q_2	Q_3	Q_4
0	0	1	Φ	0	0	0
CP_1（↑）	1	1	1			
CP_2（↑）	1	1	1			
CP_3（↑）	1	1	1			
CP_4（↑）	1	1	1			
CP_5（↑）	1	1	0			
CP_6（↑）	1	1	0			
CP_7（↑）	1	1	0			
CP_8（↑）	1	1	0			

（3）将 D_1 和 Q_4 相连，构成右移循环计数器，令 $Q_4=1$， $Q_1=Q_2=Q_3=0$。在 CP 脉冲作用下，观察循环右移功能，实验结果记入表 2-34 中。

表 2-34　实验数据

CP	R	S	Q_1	Q_2	Q_3	Q_4
0	0	1	0	0	0	0
CP_1（↑）	1	1				
CP_2（↑）	1	1				
CP_3（↑）	1	1				
CP_4（↑）	1	1				
CP_5（↑）	1	1				
CP_6（↑）	1	1				
CP_7（↑）	1	1				
CP_8（↑）	1	1				

2. 测试四位双向移位寄存器的逻辑功能

74LS194（T453）是由四个触发器和若干个逻辑门组成的 TTL 中规模集成电路，其管脚引线见附录，逻辑图见图 2-46。

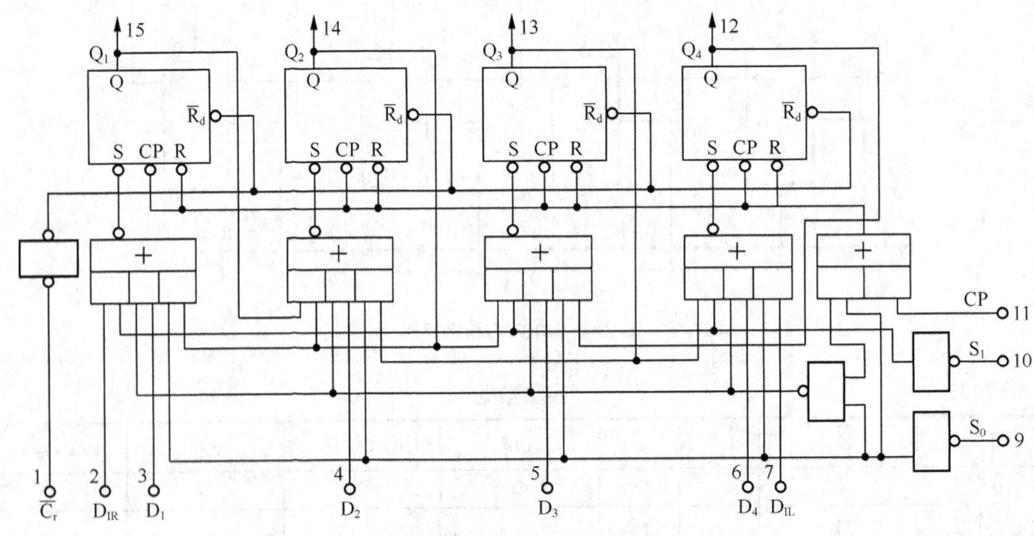

图 2-46　74LS194 逻辑电路图

Q_1、Q_2、Q_3、Q_4 是并行输出端，CP 是时钟脉冲输出端，D_1、D_2、D_3、D_4 是数据并行输入端；C_r 是清零端；S_R、S_L 分别是右移和左移工作方式数据输入端；S_1、S_0 是工作方式控制端，它的 4 种不同组合分别代表计数（$S_1S_0=11$）、保持（$S_1S_0=00$）、右移（$S_1S_0=01$）、左移（$S_1S_0=10$）4 种不同工作状态。

（1）按下述接线，检查 74LS194 的功能：S_1、S_0、S_R、S_L、D_1、D_2、D_3、D_4、Q_1、Q_2、Q_3、Q_4 和 C_r 接电平输出，CP 接单脉冲（JL），Q_1、Q_2、Q_3、Q_4 接电平显示。

① 清除：$C_r=1$，S_1、S_0、S_R、S_L、D_1、D_2、D_3、D_4均为Φ时，移位寄存器清零，即$Q_1Q_2Q_3Q_4=0000$。

② 送取：$S_1S_0=11$，$C_r=1$ 时，让 $D_1D_2D_3D_4=0011$，S_R、S_L为任意状态（Φ Φ）在 CP 端输入脉冲后，则数据 0011 存入寄存器中（即 $Q_1Q_2Q_3Q_4=D_1D_2D_3D_4=0011$）。

③ 保持：$S_1S_0=00$，$C_r=1$，S_R、S_L、D_1、D_2、D_3、D_4均为任意态时，寄存器保持原态（即 Q_1、Q_2、Q_3、Q_4）不变。

④ 右移：$S_1S_0=01$，$C_r=1$，S_L、D_1、D_2、D_3、D_4 均为任意态时，S_R（右移时的数据串行输入端）=1 时，加入 4 个 CP 后，4 个 1 寄存（移）到寄存器中，即 $Q_1Q_2Q_3Q_4=1111$，此时将 $S_R=0$，再加入 4 个 CP 后，4 个 0 寄存（移）到寄存器中，即 $Q_1Q_2Q_3Q_4=0000$。

⑤ 左移：$S_1S_0=10$，$C_r=1$，S_R、D_1、D_2、D_3、D_4均为任意态时，右移时的数据串行输入端 $S_L=1$ 时，加入 4 个 CP 后，4 个 1 寄存（移）到寄存器中，即 $Q_1Q_2Q_3Q_4=0000$。

（2）循环右移，上面接线不变，将 S_R 和 Q_4 相连（S_R 与电平输出断开）。

① 送数：$S_1S_0=11$，$C_r=1$，让 $D_1D_2D_3D_4=0011$，S_L 为任意态，来一个 CP 后，0011 存入寄存器中，即 $Q_1Q_2Q_3Q_4=0011$。

② 循环右移：$S_1S_0=01$，$C_r=1$，不停输入 CP 可实现循环右移的功能（即第一个 CP 作用后，$Q_1Q_2Q_3Q_4=1001$，第四个 CP 作用后 $Q_1Q_2Q_3Q_4=0011$）。

（3）循环左移：上面接线不变，将 S_L 和 Q_4 相连（S_R 与电平输出断开）。

① 送数：$S_1S_0=11$，$C_r=1$，让 $D_1D_2D_3D_4=0011$，S_R 为任意态，来一个 CP 后，0011 存入寄存器中，即 $Q_1Q_2Q_3Q_4=0011$。

② 循环左移：$S_1S_0=10$，$C_r=1$，不停输入 CP 可实现循环左移的功能（即第一个 CP 作用后，$Q_1Q_2Q_3Q_4=0110$，第二个 CP 作用后 $Q_1Q_2Q_3Q_4=1100$，第三个 CP 作用后 $Q_1Q_2Q_3Q_4=1001$，第四个 CP 作用后 $Q_1Q_2Q_3Q_4=0011$）。

（4）串入并出：上面接线不变。

① 右移方式串入并出：数据以串行方式加入 S_R 端（高位在前，地位在后），移位方式控制端置右移方式（$S_1S_0=01$），在 4 个 CP 作用下，将四位二进制码送入寄存器中，在 $Q_1Q_2Q_3Q_4$ 端获得并行的二进制码输出。

② 左移方式串入并出：数据以串行方式加入 S_R 端（低位在前，高位在后），移位方式控制端置左移方式（$S_1S_0=10$），在 4 个 CP 作用下，将四位二进制码送入寄存器中，在 $Q_1Q_2Q_3Q_4$ 端获得并行的二进制码输出。

（5）并行串出：上面接线不变。

数据以并行方式加至 $D_1D_2D_3D_4$ 输入端，工作方式控制端 S_1S_0 先实现送数（$S_1S_0=11$），在 CP 作用下，将二进制数存入寄存器中（即 $Q_1Q_2Q_3Q_4=D_1D_2D_3D_4$）。然后按左移方式（$S_1S_0=10$）在 4 个 CP 作用后，数据从 Q_1 端串出（低位在前，高位在后）；也可以按右移方式（$S_1S_0=01$）在 4 个 CP 作用后，数据从 Q_4 端串出（高位在前，低位在后）。

3. 二进制的传输

二进制码的串行传输在计算机的接口电路及计算机通信时十分有用，图 2-47 是二进制串行传达室输出电路。图中，$(194)_1$ 作为发出端，$(194)_2$ 作为接收端。为了实现传输功能，必须采取如下两步。

（1）先使数据 $D_1\sim D_4=0101$ 并行输入到 $(194)_1$ 中（$S_1S_0=11$）。

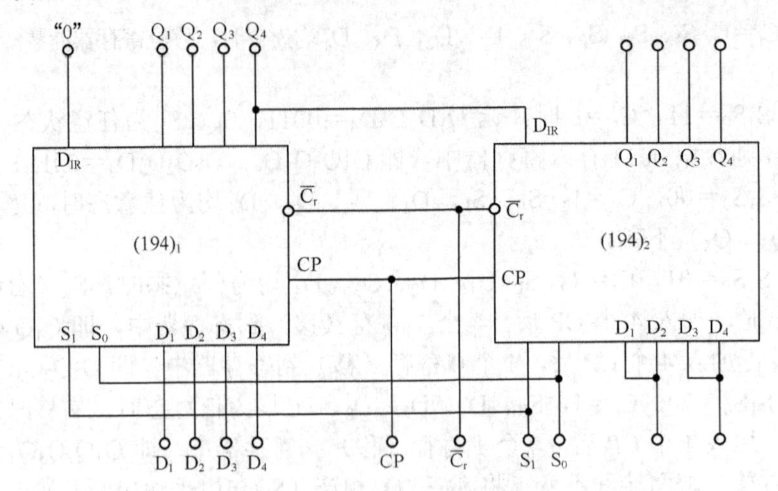

注：CP 单脉冲（JL），Q_1～Q_4接电平显示，其余端接电平输出。

图 2-47 二进制码串行输出电路

（2）为使存入（194）$_1$中的数据传送到（194）$_2$中，可采取右移方式（S_1S_0=01）输入 4 个 CP 后，实现数据串行传输，这时在（194）$_2$的输出端 Q_1～Q_4获得传输的并行数据 D_1～D_4将结果计入表 2-35 中。

表 2-35 实验数据

工作方式		CP	（194）1				（194）2			
控制端	S_1S_0		Q_1	Q_2	Q_3	Q_4	Q_1	Q_2	Q_3	Q_4
送数	11	CP_1（↑）	0	1	0	1	0	0	0	0
右移	01	CP_2（↑）	0	0	1	0				
右移	01	CP_3（↑）	0	0	0	1				
右移	01	CP_4（↑）	0	0	0	0				
右移	01	CP_5（↑）	0	0	0	0				

四、实验设备

（1）数字电路学习机。

（2）万用表。

（3）示波器。

五、思考题

什么是移位寄存器的移位功能？

六、实验报告要求

（1）绘出实验用逻辑电路。

（2）记录实验所测试寄存器的状态表。

七、注意事项

（1）切忌芯片电源线引脚接错。

（2）在断电状态下接线和拆线。

（3）触发器各输出端禁止接地，防止器件因过电流而烧坏。

实验 17　移位寄存器型计数器

一、实验目的

（1）熟悉环形计数器的逻辑功能及特点。

（2）掌握自启动环形、自启动扭环形计数器的逻辑功能及特点。

（3）熟悉线性反馈移位型计数器的逻辑功能及特点。

二、实验原理

1. 移位寄存器

寄存器是用来暂存数据或者代码的，移位寄存器则可以在移位脉冲作用下将寄存器中所存数据逐次左移或者右移。数码由输入端输入，在移位脉冲作用下，每次输入一个二进制码。已输入的数码，每给一个移位脉冲，数码就向左或向右移一位。

2. 环形移位寄存器

对于上面叙述的移位寄存器，当数码从最后一个触发器移出后，寄存器中的数码便消失了，如果要求将数码保存在寄存器中，或用示波器在串行输出端对所存数码进行观测，可将移位寄存器改接成环形移位寄存器，即把移位寄存器的最后一个触发器的输出经过转换电路连到第一个触发器的输入端。

三、实验内容及步骤

1. 测试环形计数器的逻辑功能

用 2 片 74LS74 双 D 触发器，按图 2-48 接线。按图 2-49 给出初始状态，填写四级环形计数器状态流程图 2-49。

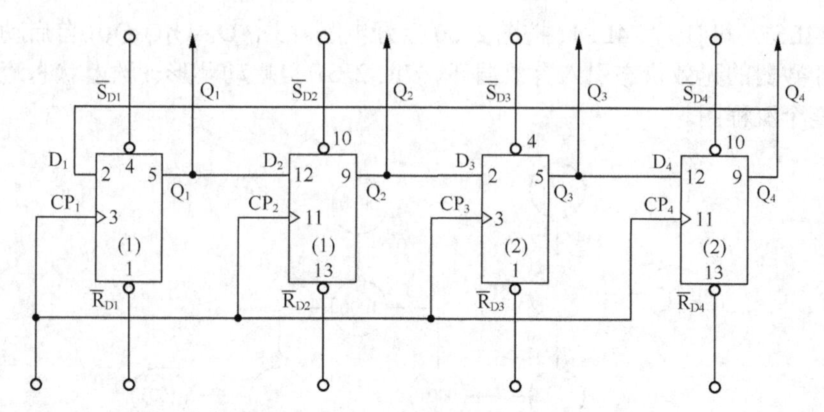

注：CP 接单脉冲，各 $\overline{R}_D$，$\overline{S}_D$ 接输入电平，各 Q 端接电平显示。

图 2-48　环形计数器测试接线图

由上图可以看出每个触发器的状态转换关系，为 $Q_1^{n+1}=Q_4$，$Q_2^{n+1}=Q_1$，$Q_3^{n+1}=Q_4$，$Q_4^{n+1}=Q_1$，由此得到系统状态转换图如图 2-49 所示。如果初始状态为 1000，则主计数器循环就循环一个“1”，经过 4 个时钟周期循环一次，其循环长度为 4。

2. 自启动环形计数器的功能测试

为了保证环形计数器无论处于哪种初始状态，都能自动进入有效状态(主计数循环之中)，需增加自启动电路，如图 2-50 所示。

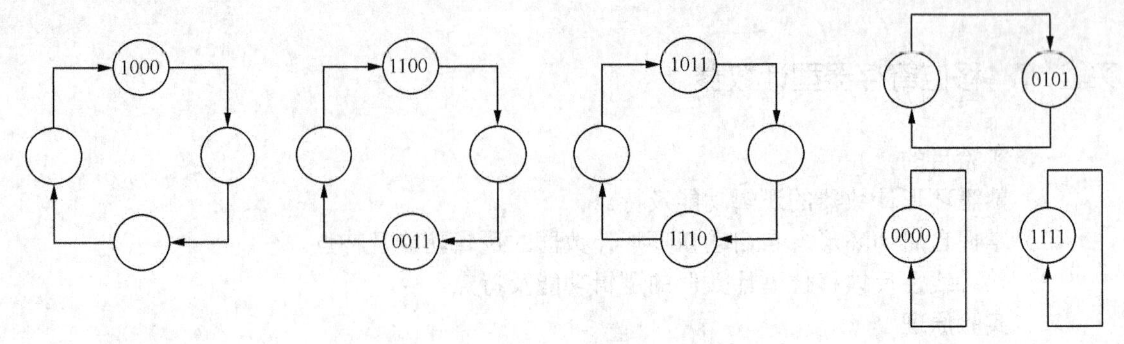

图 2-49　四级环形计数器状态流程图

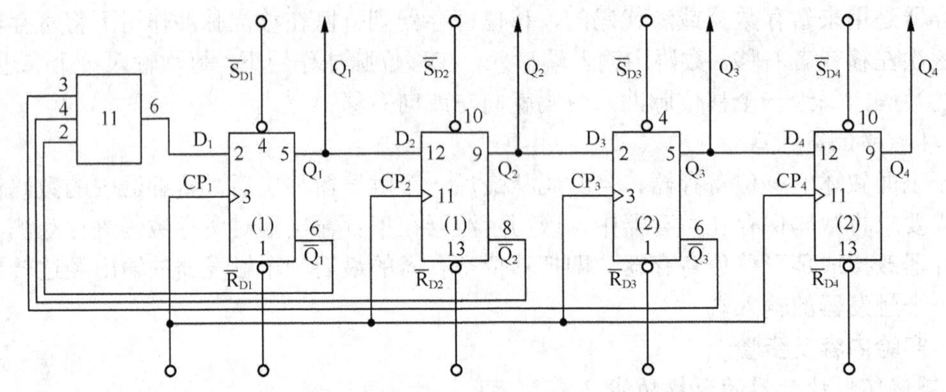

图 2-50　自启动环形计数器测试接线图

用 2 块 74LS74 和 1 片 74LS11 按图 2-50 接好电路。图中 $D_1=\overline{Q_1Q_2Q_3}$（自启动反馈网络），它可将环形计数器的无效状态引入有效循环。按图 2-51 自启动环形计数器状态流程图给出的状态，填写整个流程图。

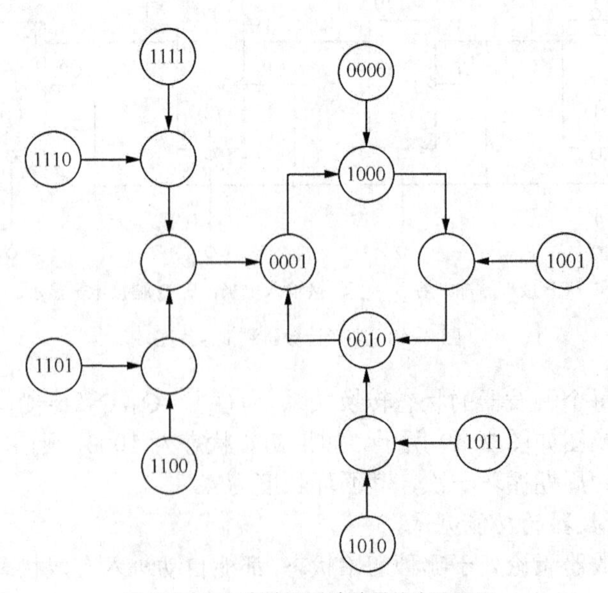

图 2-51　自启动环形计数器状态流程图

3．扭环形计数器的逻辑功能测试

用 2 片 74LS74 按图 2-52 接好电路，完成图 2-53 中有效循环和无效循环状态流程图。CP 接单脉冲（JL），各 R、S 接电平输出，各 Q 接电平显示。

在图 2-53 中，$Q_1^{n+1}=Q_4$，根据这一规律，做出其状态流程图，如图 2-53 所示如果初始状态为 0000，则主计数器循环中有 $2n=8$ 种有效状态，而另外的 $2^n-2n=8$ 种状态则构成了无效状态循环。

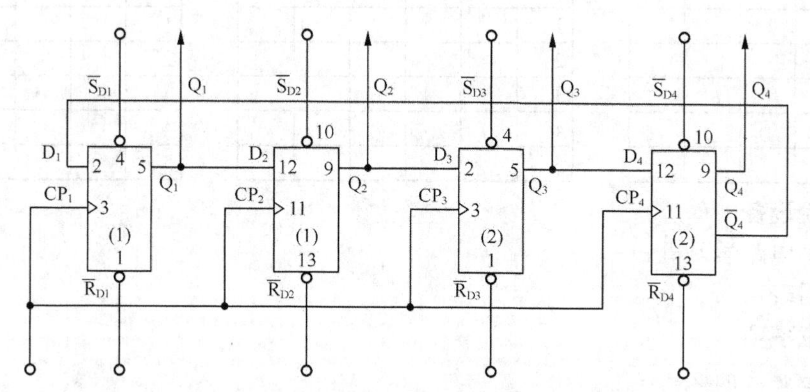

图 2-52　四级扭环形计数器的逻辑功能测试图

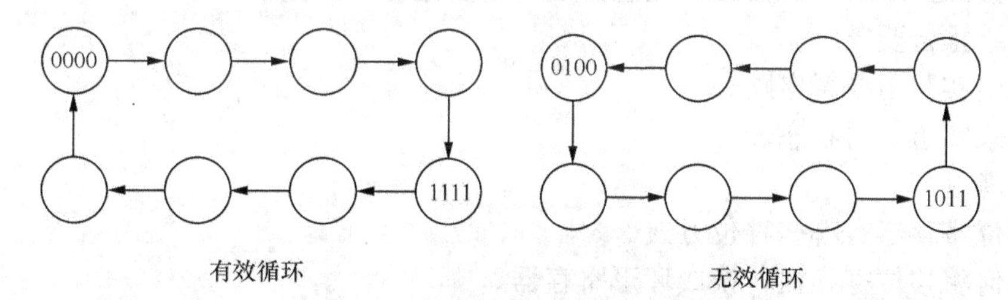

图 2-53　四级扭环形计数器状态流程图

由状态流程图可以看出，主计数器循环必须经过启动（预置）才能进入，一旦断电或受外界干扰跳出主计数循环，就会永远处于无效循环中了，即这种线路没有自启动功能，因此实际应用的扭环形计数器均应加自启动电路。

4．线性反馈移位型计数器

用 2 片 74LS74 和 1 片 74LS86 按照图 2-54 进行连接。CP 接单脉冲（JL），各 R、S 接电平输出，各 Q 接电平显示。

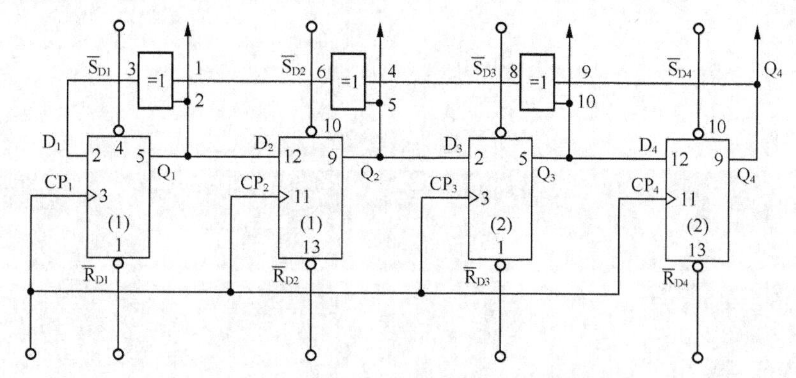

图 2-54　线性反馈移位型计数器的逻辑测试接线图

图 2-54 中反馈逻辑方程为 $D_1=Q_1\odot Q_2\odot Q_3\odot Q_4$，状态转换按表 2-36（a）、（b）、（c）给出的初始状态，将其他 5 个状态记录表 2-36（a）、（b）、（c）中。

表 2-36　　状态记录表

（a）

CP	Q_1	Q_2	Q_3	Q_4	D_1
0					
1					
2					
3					
4					
5					

（b）

CP	Q_1	Q_2	Q_3	Q_4	D_1
0					
1					
2					
3					
4					
5					

（c）

CP	Q_1	Q_2	Q_3	Q_4	D_1
0					
1					
2					
3					
4					
5					

四、实验设备

（1）数字电路学习机。

（2）万用表。

五、注意事项

（1）切忌芯片插反。

（2）连接的插线应可靠接触，注意拆线时不要把导线拆断。

六、实验报告要求

（1）绘出实验用逻辑电路。

（2）记录实验所得状态表。

七、思考题

（1）移位寄存器有哪些移位方式？

（2）如何将移位寄存器转换成环形寄存器？

实验 18　计数、数值比较和译码电路

一、实验目的

（1）熟悉集成计数器、译码器、数值比较器。

（2）掌握产生脉冲序列的一般方法。

二、实验原理

1. 集成计数器

集成计数器 74LS161，可以构成任意进制的计数器。

2. 数值比较器

集成数值比较器为 74LS85，其功能见相应教材，此处略。

3. 脉冲序列发生器

脉冲序列发生器能够产生一组在时间上有先后的脉冲序列，利用这组脉冲可以控制形成所需的各种控制信号。

通常脉冲序列发生器由译码器和计数器构成。

（1）用 74LS161 和 74LS138 及逻辑门产生脉冲序列。

将 74LS161 接成十二进制计数器，然后接入译码器 74LS138，电路如图 2-55 所示。

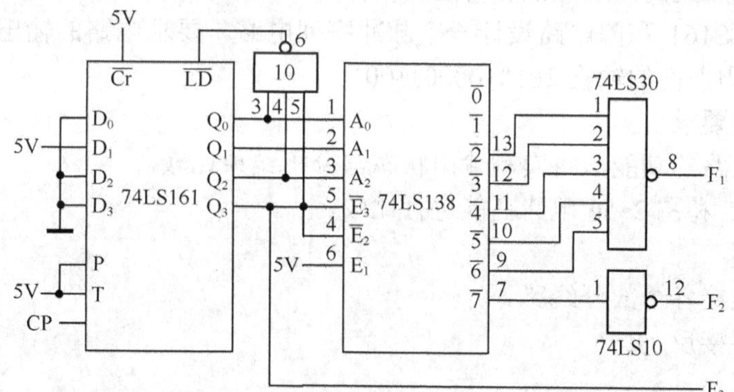

图 2-55　用 74LS161 和 74LS138 及逻辑门构成的脉冲序列发生器

（2）用 74LS161 和 74LS85 及逻辑门产生脉冲序列。

用 74LS161 构成十二进制计数器，然后接入数值比较器 74LS85，电路如图 2-56 所示。

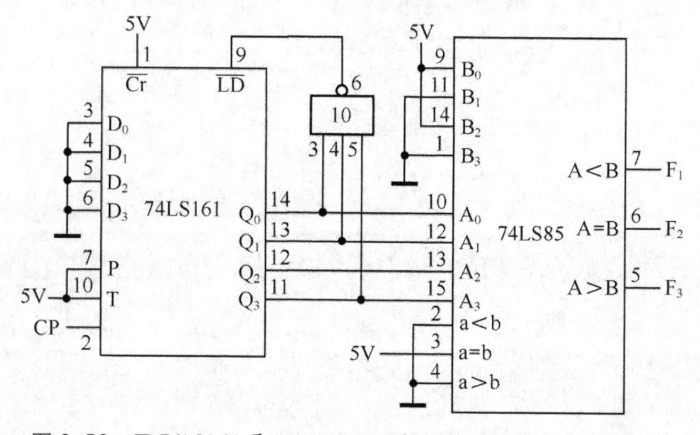

图 2-56　用 74LS161 和 74LS85 及逻辑门构成的脉冲序列发生器

三、实验内容与步骤

1. 基本内容

（1）按图 2-55 和图 2-56 所示电路，在数字学习机上连接电路，检查接线准确无误后，接通电源。

（2）加入时钟脉冲，观察输出状态，绘出输出波形。

2. 扩展内容（选做）

用 74LS138 和 74LS151 及门电路实现一个比较电路。要求比较两个四位二进制数：当两个数相等时，输出为 1；否则为 0。

将设计好的电路，在数字电路学习机上连接，加入单脉冲，观察输出状态，分析输出状态是否正确。若正确，则结束。

四、实验仪器、设备与器件

（1）综合试验箱。

（2）示波器。

（3）万用表。

（4）74LS85、74LS161、74LS138、74LS30、74LS10、74LS 151。

五、思考题

（1）产生脉冲序列的一般方法有哪些？

（2）试用 74LS161 和门电路设计一个脉冲序列电路。要求电路的输出端 Y 在时钟脉冲 CP 的作用下，能周期性的输出 10101000011001。

六、实验报告要求

（1）分析各电路的功能，将实测输出状态与分析结果比较。

（2）将图 2-55 和图 2-56 电路功能进行比较。

七、注意事项

（1）要正确连接各个部分线路。

（2）芯片不要接反。

实验 19　多谐振荡器和单稳态电路

一、实验目的

（1）了解 555 定时器的结构和工作原理。

（2）掌握用 555 定时器组成多谐振荡器的方法。

（3）用 555 定时器组成单稳态触发器的方法。

（4）学会用示波器测脉冲幅度、周期和脉宽的方法。

二、实验原理

1. 555 定时器

555 定时器是模拟功能和逻辑功能相结合在同一硅片的混合集成电路，有双极型和单极型两种。555 表示双极型结构，7555 表示单极型结构。不论哪种结构，它们的管脚排列完全相同。

2. 555 定时器的应用

（1）多谐振荡器。

用 555 定时器组成多谐振荡器如图 2-57（a）所示，其波形如图 2-57（b）所示。

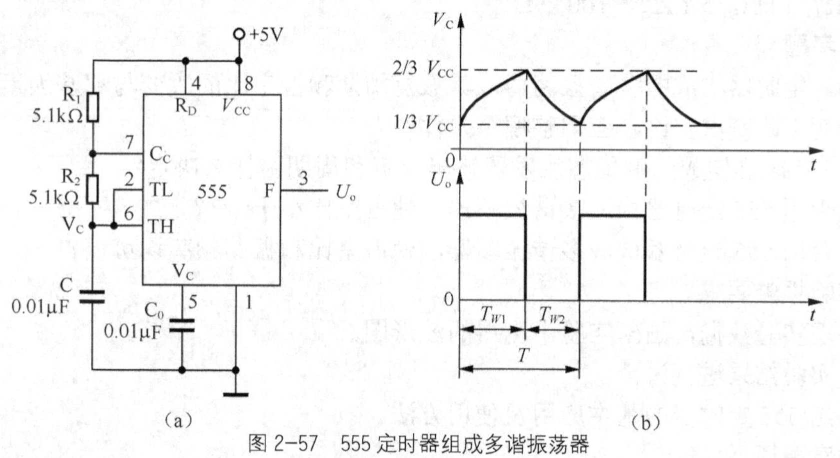

图 2-57　555 定时器组成多谐振荡器

（2）单稳态触发器。

用 555 定时器组成单稳态触发器如图 2-58（a）所示，其波形如图 2-58（b）所示。

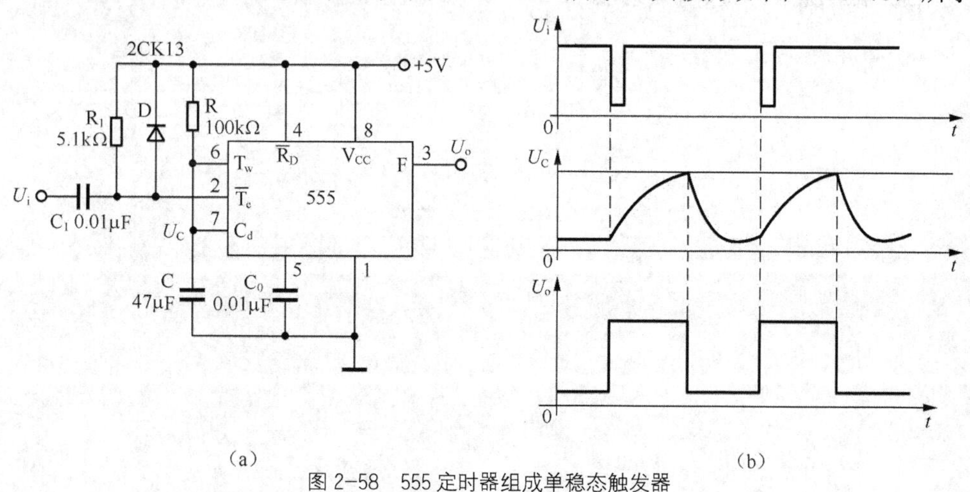

图 2-58　555 定时器组成单稳态触发器

三、实验内容与步骤

1. 基本内容

（1）用 555 定时器设计一个振荡频率为 50 Hz，占空比为 2/3 的多谐振荡器。画出所设计的电路（已知两个电容的值分别为 0.01 μF，和 1 μF；确定电阻 R_1、R_2 的值）。用示波器测出输出波形，验证周期，标出幅度。改变电阻，其他参数不变，重测上述值。

（2）555 定时器设计一个单稳态触发器。输入 u_i 是频率为 1 kHz 左右的方波，输出脉冲的宽度为 5 s 的脉冲信号。改变 R，其他参数不变，重测输出脉冲的宽度。

2. 扩展内容（选做）

用 555 定时器设计一个脉冲电路。该电路振荡 20 s，停 10 s，如此循环下去。该电路输出脉冲的振荡周期为 1 s，占空比为 1/2，电容均为 10 μF，画出所设计电路。

四、实验仪器、设备与器件

（1）数字电路学习机。

（2）示波器。

（3）555 定时器；74LS04；电位器：5.1 kΩ，20 kΩ，100 kΩ；电容：0.01 μF，0.1 μF，1 μF；电阻：10 kΩ，1 kΩ，5.1 kΩ，100 kΩ。

五、思考题

（1）555 定时器构成的多谐振荡器，其振荡周期和占空比的改变与哪些因素有关？若只需改变周期而不改变占空比，应调整哪个元件？

（2）555 定时器构成的单稳态触发器输出脉宽和周期由什么决定？

（3）能否用 555 定时器构成多谐振荡器，使占空比小于 1/3？

（4）能否用 555 定时器构成多谐振荡器，使占空比和振荡频率均可调？

六、实验报告要求

（1）整理实验数据，画出实验中测得的波形图。

（2）对实验结果进行讨论。

（3）总结 555 定时器的基本应用及使用方法。

七、注意事项

（1）芯片不能插反。

（2）在断电情况下，接、拆线路。

实验20　简单逻辑电路的设计

一、实验目的

（1）加深理解简单逻辑电路的特点和一般分析方法。

（2）练习简单逻辑电路的设计方法。

（3）通过实验，验证所设计的简单逻辑电路的正确性。

（4）学会根据真值表写出逻辑表达式。

（5）进一步熟悉数字逻辑电路的特点。

二、实验原理

逻辑电路的设计过程为：根据设计要求写出真值表，根据真值表写出所需要的逻辑表达式，化简逻辑表达式，最后由简化的逻辑表达式设计出逻辑电路。

三、实验内容与要求

任选如下两个题目中的一个题目，要求至少提前一周上交设计方案，并提出所需集成电路的型号及数量。未提交设计方案的同学不能做该实验。自拟表格，记录输入与输出的对应关系及输出端对应的电压值。

（1）设计一个逻辑电路，用来检测并行输入的4位二进制E、F、G、H，当其十进制值为2或5的整倍数时，输出Y=1，反之Y=0。只能使用与非门及非门，写出逻辑表达式，并设计出该逻辑电路图。

（2）试设计一个保险柜门锁控制逻辑电路，该门锁由一名组长和3名员工控制。设计要求：至少有组长在才能开锁或至少有3人在才能开锁。依据此条件，列出该逻辑表达式，并设计该逻辑电路。（提示：假设A、B、C、D为4个人，其中A为组长，B、C、D为员工，每个人在岗（能开锁）即为“1”，不在岗（不能开锁），即为“0”，保险柜被打开F=1，未被打开F=0。）

四、实验设备

（1）UT2025C 型双踪示波器。

（2）DG1022 型函数信号发生器。

（3）WY1970 型交流毫伏表。

（4）DF1731SC2A 型可调直流稳压稳流电源。

（5）VC9802 数字万用表。

（6）ADCL-1 电子技术综合实验箱

五、思考题

（1）用与非门组成图2-59所示的电路，写出其逻辑表达式。

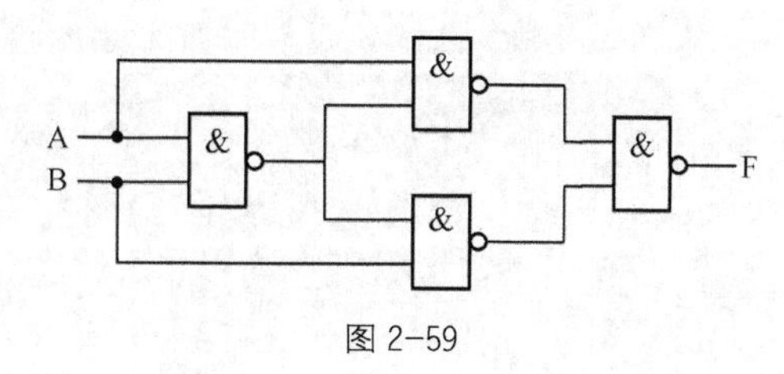

图2-59

（2）用与非门及非门组成的电路如图 2-60 所示，写出其逻辑表达式。

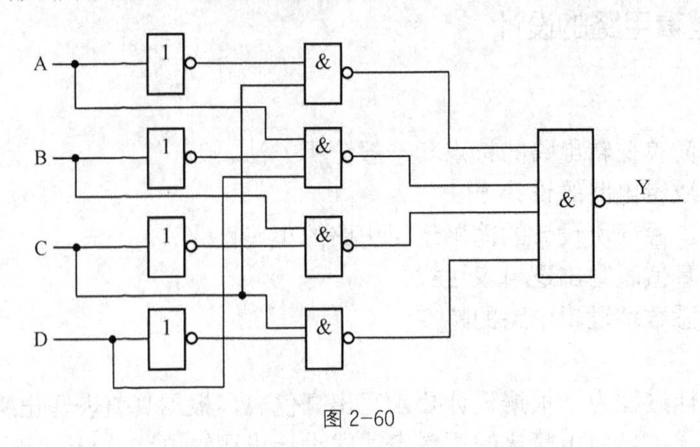

图 2-60

（3）查阅数字集成电路 74LS00、74LS02、74LS04、74LS24、74LS30、74LS112 的资料，写出集成电路的名称，画出它们的内部框图，并标出各引脚名称。

六、实验报告要求

（1）实验报告要求内容丰富，电路清晰，要有电路工作过程的分析。

（2）完成本实验的所有思考题。

（3）认真写出实验总结。

（4）根据本次设计经历，写出简单逻辑电路的设计心得。

七、注意事项

（1）注意集成电路电源的连接引脚及极性，不能接错。

（2）注意各仪器的使用方法。

（3）不准随意乱调仪器，调整旋钮前要明确自己想达到什么目的。

（4）调整仪器时，要轻旋、轻按。

（5）注意“0”“1”的判断方法。

实验 21 JK 触发器

一、实验目的

（1）掌握 JK 触发器的初始状态的设置方法。

（2）进一步学习 JK 触发器的逻辑功能。

（3）了解 T 触发器，学会如何将 JK 触发器转换成 D 触发器。

（4）学习数字电路的测试方法。

二、实验原理

JK 触发器是具有记忆功能的基本单元，在时序电路中是必不可少的，JK 触发器具有两个基本性质。

（1）在一定条件下，JK 触发器可以维持在两种稳定状态（0 或 1）而保持不变。

（2）在一定的外加信号作用下，JK 触发器可以从一种状态转换成另外一种状态，因此，触发器可记忆二进制数 0 和 1，所以可被用作二进制数的存储单元。

只有在时钟信号作用下，输入端状态才能输出至输出端的触发器叫 D 触发器。逻辑表达式为：$Q_n+1=D$。

在一定条件下，JK 触发器可以转换成 D 触发器。

本实验采用 74LS112（双 JK 触发器）和 74LS04（6 反相器），实验电路如图 2-61 所示。

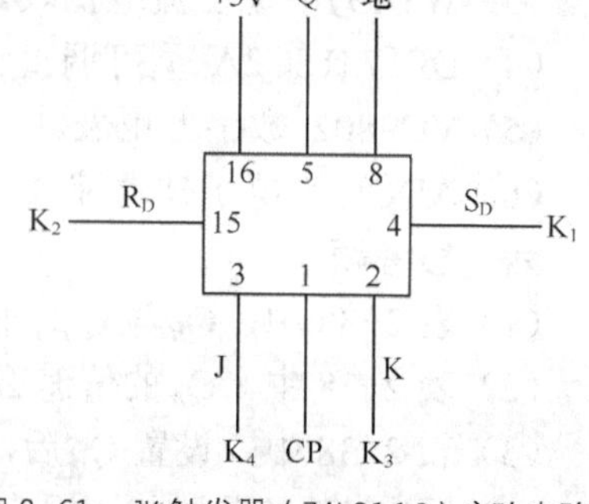

图 2-61 JK 触发器（74LS112）实验电路图

三、实验内容

（1）JK 触发器初始状态的设置。

（2）JK 触发器真值表的验证。

四、实验步骤

1. 接线

按图 2-61 连接电路，（其中 K_1～K_4 是实验板上的 4 只开关，该开关掷向上方输出高电平，掷向下方输出低电平）引脚 16 接直流电源的+5 V 位置，引脚 8 接直流电源的地，引脚 1 可悬空或接+5 V 位置。

2. JK 触发器输出端 Q 初始状态的设置

（1）将 J、K 设置成高电平“1”。

（2）依据表 3-1 设置 R_D、S_D 的状态，并测出 Q 端的输出电压值填入表 2-37 中。

表 2-37

R_D	S_D	V_Q（V）	Q
0	1		
1	0		

（3）依据 V_Q 的电压值，写出 Q 的逻辑状态填入表 2-37 中。

3. 验证 JK 触发器的逻辑功能

（1）将引脚 1 接入实验板上手动负脉冲位置。

（2）按表 2-38 中的内容顺序依次进行设置和测量，测量值 V_{Qn+1} 填入表 2-38 中。

（3）注意表 2-38 中，Q_n 的值怎么实现？设置 Q_n 的值以后，为什么必须使 R_D、S_D 的状态均置为“1”？Q_{n+1}与Q_n有什么区别和联系？

表 2-38

J	K	Q_n	V_{Qn+1}（单位：V）	Q_{n+1}
0	0	0		
0	0	1		
0	1	0		
0	1	1		
1	0	0		
1	0	1		
1	1	0		
1	1	1		

五、实验仪器

（1）UT2025C 型双踪示波器。

（2）DG1022 型函数信号发生器。

（3）WY1970 型交流毫伏表。

（4）DF1731SC2A 型可调直流稳压稳流电源。

（5）VC9802 数字万用表。

（6）ADCL-1 电子技术综合实验箱。

六、思考题

（1）表 2-38 中，Q_n与Q_{n+1}的区别是什么？

（2）表 2-38 中，Q_n的值怎么实现？

（3）表 2-38 中，设置Q_n后，为什么要把R_D和S_D均设置为“1”？

（4）写出 JK 触发器的逻辑表达式。

七、实验报告要求

（1）按实验报告单内容认真填写。

（2）任选 4 道思考题中的 3 道进行回答。

（3）认真写出实验总结。

八、注意事项

（1）注意各仪器的使用方法。

（2）不许随意乱调仪器，调整旋钮前要明确自己想达到什么目的。

（3）调整仪器时，要轻旋、轻按。

（4）读数要细心、准确。

实验22 555集成电路应用设计

一、实验目的

（1）掌握555集成电路的工作原理。

（2）熟悉555集成电路各引脚的功能。

（3）学会由555集成电路组成的振荡电路的工作原理。

（4）学习基本的振荡电路的设计方法。

二、实验原理

用555集成电路可组成多种振荡电路、单稳态触发电路。在应用555集成电路时，需要注意其各引脚的功能及外围元件参数的选择，外围元件的参数决定了振荡电路的输出信号的频率。改变某些参数还可以改变脉冲信号的占空比。

三、实验仪器

（1）UT2025C 型双踪示波器。

（2）DG1022 型函数信号发生器。

（3）WY1970 型交流毫伏表。

（4）DF1731SC2A 型可调直流稳压稳流电源。

（5）VC9802 数字万用表。

（6）ADCL-1电子技术综合实验箱。

四、实验内容与要求

（1）要求至少提前一周上交设计方案，并提出所需元件的大约参数。未提交设计方案的同学不能做该实验。自拟表格，记录所测量参数。

（2）利用555集成电路，设计一个方波振荡电路，频率范围大约在70～200 Hz之间，每组频率是不同的。要求占空比可调，并验证所设计的电路的正确性。观察输出信号的波形，并画出波形（注意幅度和周期）。

五、思考题

（1）简述555集成电路各引脚的功能。

（2）简述所设计的振荡电路的工作原理。

（3）说明改变信号占空比的原理及方法。

六、实验报告要求

（1）按实验报告单内容认真填写。

（2）回答所有思考题。

（3）认真写出555集成电路应用设计的心得及实验总结。

七、注意事项

（1）认真连接电路，不能出错，特别是555电源的连接。

（2）注意各仪器的使用方法。

（3）不许随意乱调仪器，调整旋钮前要明确自己想达到什么目的。

（4）调整仪器时，要轻旋、轻按。

实验 23　综合设计

一、实验目的

通过学习数字电子技术能自行设计并解决一些较为复杂的数字电子电路方面的问题，提高综合分析、设计与解决实验中出现问题的能力。

二、实验内容及要求

1. 实验内容

请学生自己拟题，选择设计方案和设计内容，但其设计内容必须是综合性的，具有一定的设计深度和广度。

2. 设计要求

（1）拟定设计题目，设计草稿。

（2）将设计草稿交给实验指导老师，审查合理后，可按设计草稿作实验。

（3）在设计草稿中应有设计思路，设计的逻辑电路图，设计功能及实验的效果。

（4）写出正式的实验报告。

三、实验设备

（1）数字电路学习机。

（2）示波器。

（3）稳压、稳流电源。

（4）函数信号发生器。

（5）万用表。

四、实验报告要求

（1）写出自拟的题目。

（2）写出实验的目的、内容和步骤，绘制实验电路图。记录实验数据和实验现象，得出实验结论。

（3）写出实验体会、收获和建议。

第3章 电子技术实验安全

3.1 触电与安全用电

随着现代科学技术的飞速发展，种类繁多的家用电器和电气设备被广泛应用于人类的生产和生活当中。电给人类带来了极大的便利，但电是一种看不见、摸不着的物质，只能用仪表测量，因此，在使用电的过程中，存在着许多不安全用电的问题。如果使用不合理、安装不恰当、维修不及时或违反操作规程，都会带来不良甚至极为严重的后果。因此，了解安全用电十分重要。

一、触电定义及分类

当人体某一部位接触了低压带电体或接近、接触了高压带电体，人体便成为一个通电的导体，电流流过人体，称为触电。触电对人体是会产生伤害的，按伤害的程度可将触电分为电击和电伤两种。

电击是指人体接触带电体后，流过人体的电流使人体的内部器官受到伤害。触电时，肌肉会发生收缩，如果触电者不能迅速摆脱带电体，使电流持续通过人体，最后会因神经系统受到损害，使心脏和呼吸器官停止工作而导致死亡，这是最危险的触电事故，是造成触电死亡的主要原因，也是经常遇到的一种伤害。电伤是指电对人体外部造成的局部伤害，如电弧灼伤、电烙印、熔化的金属沫溅到皮肤造成的伤害，严重时也可导致死亡。

1. 触电电流

人触电时，人体的伤害程度与通过人体的电流大小、频率、时间长短、触电部位以及触电者的生理素质等情况有关。通常，低频电流对人体的伤害高于高频电流，而电流通过心脏和中枢神经系统时最为危险。具体电流的大小对人体的伤害程度可参见表 3-1。

表 3-1　**电流的大小对人体的影响**

交流电流/mA	对人体的影响
0.6～1.5	手指有些微麻刺的感觉
2～3	手指有强烈麻刺的感觉
3～7	手部肌肉痉挛
8～10	难以摆脱电源，手部有剧痛感
30～25	手麻痹，不能摆脱电源，全身剧痛、呼吸困难

续表

交流电流/mA	对人体的影响
50～80	呼吸麻痹、心脑震颤
90～100	呼吸麻痹，如果持续 3s 以上，心脏就会停止跳动

2．安全电压

人体电阻通常在 1～100 kΩ 之间，在潮湿及出汗的情况下会降至 800 Ω 左右。接触 36 V 以下电压时，通过人体电流一般不超超过 50 mA。因此，我国规定安全生产电压的等级为 36 V、24 V、12 V 和 6 V。一般情况，安全电压规定为 36 V；在潮湿及地面能导电的厂房，安全电压规规定为 24 V；在潮湿、多导电尘埃、金属容器内等工作环境时，安全电压规定为 12 V；而在环境十分恶劣的条件下，安全电压规定为 6 V。

二、常见的触电方式

常见的触电方式可分为单线触电、双线触电和跨步触电三种。

1．单线触电

当人体的某一部位碰到相线（俗称火线）或绝缘性能不好的电气设备外壳时，由相线经人体流人大地的触电，称为单线触电（或称单相触电）。如图 3-1、图 3-2 所示。因现在广泛采用三相四线制供电，且中性线（俗称零线）一般都接地，所以发生单线触电的机会也最多。此时人体承受的电压是相电压，在低压动力线路中为 220 V。

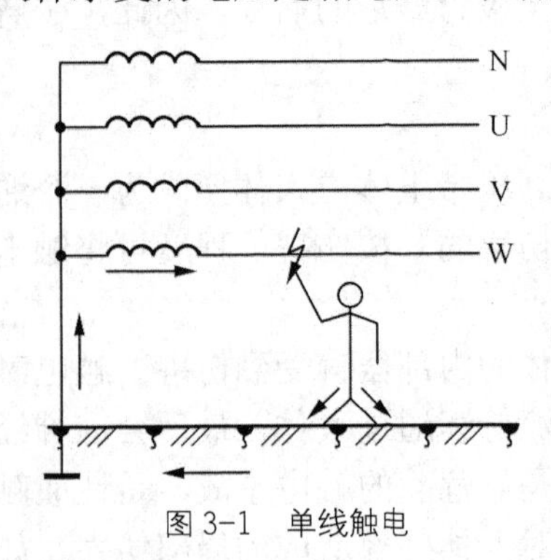

图 3-1　单线触电

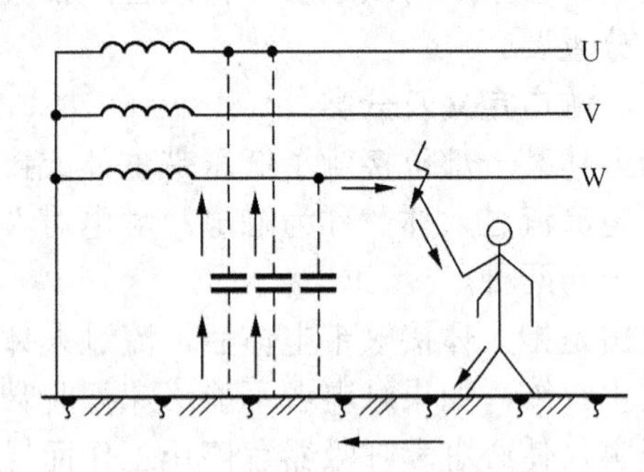

图 3-2　单线触电的另一种形式

2．双线触电

如图 3-3 所示，当人体的不同部位分别接触到同一电源的两根不同相位的相线时，电流由一根相线流经人体流到另一根相线的触电，称为双线触电（或称双相触电）。这种情况下人体承受的电压是线电压，在低压动力线路中为 380 V，此时通过人体的电流将更大，而且电流的大部分经过心脏，所以比单线触电更危险。

3．跨步触电

高压电线接触地面时，电流在接地点周围 15～20 m 的范围内将产生电压降。当人体接近此区域时，两脚之间承受一定的电压，此电压称为跨步电压。由跨步电压引起的触电称为跨步电压触电，简称跨步触电，如图 3-4 所示。

跨步电压一般发生在高压设备附近，人体离接地体越近，跨步电压越大。因此在遇到高压设备时应慎重对待，避免受到电击。

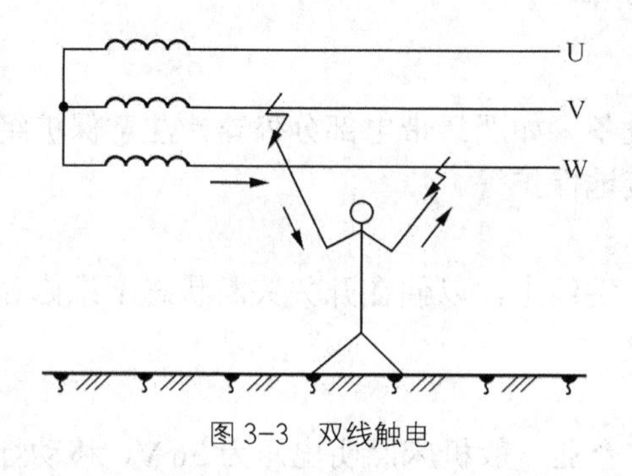

图 3-3 双线触电

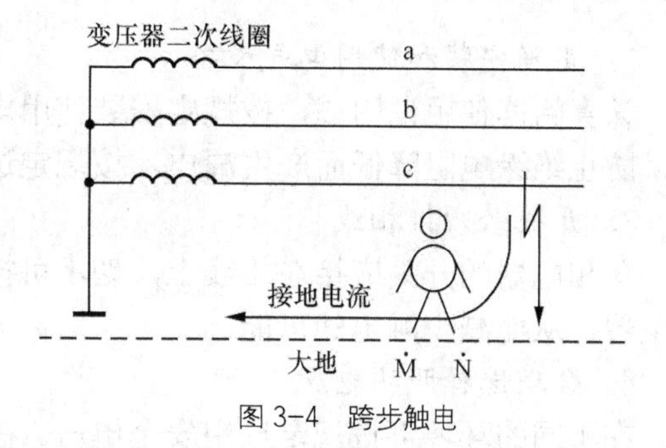

图 3-4 跨步触电

三、常见触电的原因

1．违章作业，不遵守有关安全操作规程和电气设备安装及检修规程等规章制度。

2．误接触到裸露的带电导体。

3．接触到因接地线断路而使金属外壳带电的电气设备。

4．偶然性事故，如电线断落触及人体。

3.2 安全用电与触电急救

安全用电的有效措施是“安全用电、以防为主”。为使人身不受伤害，电气设备能正常运行，必须采取各种必要的安全措施，严格遵守电工基本操作规程，电气设备采用保护接地或保护接零，防止因电气事故引起的灾害发生。

一、基本安全措施

1．合理选用导线和熔丝

各种导线和熔丝的额定电流值可以从手册中查得。在选用导线时应使载流能力大于实际输电电流。熔丝额定电流应与最大实际输电电流相符，切不可用导线或铜丝代替。并按表 3-2 中规定，根据电路选择导线的颜色。

表 3-2 特定导线的标记和规定

<table>
<tr><th colspan="2" rowspan="2">电路及导线名称</th><th colspan="2">标记</th><th rowspan="2">颜色</th></tr>
<tr><th>电源导线</th><th>电器端子</th></tr>
<tr><td rowspan="3">交流三相电路</td><td>1 相</td><td>L1</td><td>U</td><td>黄色</td></tr>
<tr><td>2 相</td><td>L2</td><td>V</td><td>绿色</td></tr>
<tr><td>3 相</td><td>L3</td><td>W</td><td>红色</td></tr>
<tr><td colspan="2">中性线</td><td colspan="2">N</td><td>淡蓝色</td></tr>
<tr><td rowspan="3">直流电路</td><td>正极</td><td colspan="2">L+</td><td>棕色</td></tr>
<tr><td>负极</td><td colspan="2">L−</td><td>蓝色</td></tr>
<tr><td>接地中间线</td><td colspan="2">M</td><td>淡蓝色</td></tr>
<tr><td colspan="2">接地线</td><td colspan="2">E</td><td rowspan="2">黄和绿双色</td></tr>
<tr><td colspan="2">保护接地线</td><td colspan="2">PE</td></tr>
<tr><td colspan="2">保护接地和中性线共用一线</td><td colspan="2">PEN</td><td>黄和绿双色</td></tr>
<tr><td colspan="4">整个装置及设备的内部布线一般推荐</td><td>黑色</td></tr>
</table>

2. 正确安装和使用电气设备

认真阅读使用说明书，按规定安装使用电气设备。如严禁带电部分外露，注意保护绝缘层，防止绝缘电阻降低而产生漏电，按规定进行接地保护等。

3. 开关必须接相线

单相电器的开关应接在相线上，切不可接在中性线上，以便在开关关断状态下维修和更换电器，从而减少触电的可能。

4. 合理选择照明电压

在不同的环境下按规定选用安全电压。在工矿企业一般机床照明电压为 36 V，移动灯具等电源的电压为 24 V，特殊环境下照明电压还有 12 V 或 6 V。

5. 防止跨步触电

应远离落在地面上的高压线至少 8～10 m，不得随意触摸高压电气设备。

另外，在选用用电设备时，必须先考虑带有隔离、绝缘、防护接地、安全电压或防护切断等防范措施的用电设备。

二、安全操作（安全作业）

1. 停电工作的安全常识

停电工作是指用电设备或线路在不带电情况下进行的电气操作。为保证停电后的安全操作，应按以下步骤操作。

首先，检查是否断开所有的电源。在停电操作时，为保证安全切断电源，使电源至作业设备或线路有两个以上的明显断开点。对于多回路的用电设备或线路，还要注意从低压侧向被作业设备的倒送电。

其次，进行操作前的验电。操作前，使用电压等级合适的验电器（笔），对被操作的电气设备或线路进出两侧分别验电。验电时，手不得触及验电器（笔）的金属带电部分，确认无电后，方可进行工作。

然后，悬挂警告牌。在断开的开关或刀闸操作手柄上应悬挂“禁止合闸、有人工作”的警告牌，必要时加锁固定。对多回路的线路，更要防止突然来电。

最后，挂接接地线。在检修交流线路中的设备或部分线路时，对于可能送电的地方都要安装携带型临时接地线。装接接地线时，必须做到“先接接地端，后接设备或线路导体端，接触必须良好”。拆卸接地线的程序与装接接地线的步骤相反，接地须采用多股软裸铜导线，其截面积不小于 25 mm^2。

2. 带电工作的安全常识

如果因特殊情况必须在用电设备或线路上带电工作时，应按照带电操作安全规定进行。在用电设备或线路上带电工作时，应由有经验的电工专人监护。电工工作时，应注意穿长袖工作服，佩戴安全帽、防护手套和相关的防护用品，使用绝缘安全用具操作。在移动带电设备的操作（接线）时，应先接负载，后接电源，拆线时则顺序相反。电工带电操作时间不宜过长，以免因疲劳过度、注意力分散而发生事故。

3. 设备运行管理常识

出现故障的用电设备和线路不能继续使用，必须及时进行检修。用电设备不能受潮，要有防潮的措施，且通风条件良好。用电设备的金属外壳必须有可靠的保护接地装置。凡有可能遭雷击的用电设备，都要安装防雷装置。必须严格遵守电气设备操作规程。合上电源时，应先合电源侧开关，再合负载侧开关；断开电源时，应先断开负载侧开关，再断开电源侧开关。

三、接地与接零

触电的原因可能是人体直接接触带电体，也可能是人体触及漏电设备所造成的，大多数事故发生在后者。为确保人身安全，防止这类触电事故的发生，必须采取一定的防范措施。

接地的主要作用是保证人身和设备的安全。根据接地的目的和工作原理，可分为工作接地、保护接地、保护接零和重复接地。此外，还有电压接地、静电接地、隔离接地（屏蔽接地）和共同接地等。

1. 保护接地

这里的“地”是指电气上的“地”（电位近似为零）。在中性点不接地的低压（1 kV 以下）供电系统中，将电气设备的金属外壳或构架与接地体良好的连接，这种保护方式称为保护接地。通常接地体是钢管或角铁，接地电阻不允许超过 4 Ω。当人体触及漏电设备的外壳时，漏电流自外壳经接地电阻 R_{PE} 与人体电阻 R_P 的并联分流后流入大地，因 $R_P \gg R_{PE}$，所以流经人体的电流非常小。接地电阻愈小，流经人体的电流越小，越安全。

2. 保护接零

在中性点已接地的三相四线制供电系统中，将电气设备的金属外壳或构架与电网中性线（零线）相连接，这种保护方式称为保护接零。当电气设备电线一相碰壳发生漏电时，该相就通过金属外壳与接零线形成单相短路，此短路电流足以使线路上的保护装置迅速动作，切断故障设备的电源，消除了人体触及外壳时的触电危险。

实施保护接零时，应注意以下几点。

首先，中性点未接地的供电系统，绝不允许采用接零保护。因为此时接零不但不起任何保护作用，在电器发生漏电时，反而会使所有接在中性线上的电气设备的金属外壳带电，导致触电。

其次，单相电器的接零线不允许加接开关、断路器等。否则，若中性线断开或熔断器的熔丝熔断，即使不漏电的设备，其外壳也将存在相电压，造成触电危险。确实需要在中性线上接熔断器或开关，则可用作工作零线，但绝不允许再用于保 护接零，保护线必须在电网的零干线上直接引向电器的接零端。

再次，在同一供电系统中，不允许设备接地和接零并存。因为此时若接地设备产生漏电，而漏电流不足以切断电源，就会使电网中性线的电位升高，而接零电器的外壳与中性线等电位，人若触及接零电气设备的外壳，就会触电。

低压电网接地系统符号的含义如下。

第一个字母表示低压电源系统可接地点对地的关系。

T 表示直接接地；I 表示不接地（所有带电部分与大地绝缘）或经人工中性点接地。

第二个字母表示电气装置的外露可导电部分对地的关系。

T 表示直接接地，与低压供电系统的接地无关；N 表示与低压供电系统的接地点进行连接。

后面的字母表示中性线与保护线的组合情况。

S 表示分开的；C 表示公用的；C-S 表示部分是公共的。

四、触电急救

触电急救的基本原则是动作迅速、救护得法，切不要惊慌失措、束手无策。当发现有人触电时，必须使触电者迅速脱离电源，然后根据触电者的具体情况，进行相应的现场救护。

1. 脱离电源的方法

拉断电源开关或刀闸开关；拔去电源插头或熔断器的插芯；用电工钳或有干燥木柄的斧子、铁锨等切断电源线；用干燥的木棒、竹竿、塑料杆、皮带等不导电的物品拉或挑开导线；救护者可带绝缘手套或站在绝缘物上用手拉触电者脱离电源。

以上方法通常用于脱离额定电压 500 V 以下的低压电源，可根据具体情况选择。若发生高压触电，应立即告知有关部门停电。紧急时可抛掷裸金属软导线，造成线路短路，迫使保护装置动作以切断电源。

2. 触电救护

触电者脱离电源后，应立即进行现场紧急救护。触电者受伤不太严重时，应保持空气畅通，解开衣服以利呼吸，静卧休息，勿走动，同时请医生或送医院诊治。触电者失去知觉，呼吸和心跳不正常，甚至出现无呼吸、心脏停跳的假死现象时，应立即进行人工呼吸和胸外挤压。此工作应做到："医生来前不等待，送医途中不中断"，否则伤者可能会很快死亡。口对口人工呼吸法适用于无呼吸、有心跳的触电者：病人仰卧在平地上，鼻孔朝天，头后仰。首先清理口鼻腔，然后松扣、解衣，捏鼻吹气。吹气要适量，排气应口鼻通畅。吹 2 s、停 3 s，每 5 s 一次。

胸外挤压法适用于有呼吸、无心跳的触电者。病人仰卧在硬地上，然后松扣、解衣，手掌根用力下按，压力要轻重适当，慢慢下压，突然放开，1 s 一次。

对既无呼吸、也无心跳的触电者应两种方法并用。先吹气 2 次，再做胸外挤压 15 次，以后交替进行。

学号：____________

实 验 报 告

课 程 名 称 ：______________ 学年、学期：______________

实 验 学 时 ：______________ 实验项目数：______________

实验人姓名：______________ 专 业 班 级 ：______________

实验项目：

实验日期：_______年___月___日　　第________教学周

主要实验设备

编号	名称	规格、型号	数量	设备状态	备注

一、实验目的

二、实验原理、电路图

三、实验内容及步骤

四、实验数据及观察到的现象

五、实验结论及体会

六、回答本次实验思考题

本次实验成绩	
教师签字（盖章）：	批改日期：

实验项目：

实验日期：______年___月___日　　　　第______教学周

主要实验设备

编号	名称	规格、型号	数量	设备状态	备注

一、实验目的

二、实验原理、电路图

三、实验内容及步骤

四、实验数据及观察到的现象

五、实验结论及体会

六、回答本次实验思考题

本次实验成绩	
教师签字（盖章）：	批改日期：

实验项目：					
实验日期：______年___月___日			第______教学周		
主要实验设备					
编号	名称	规格、型号	数量	设备状态	备注

一、实验目的

二、实验原理、电路图

三、实验内容及步骤

四、实验数据及观察到的现象

五、实验结论及体会

六、回答本次实验思考题

本次实验成绩	
教师签字（盖章）：	批改日期：

实验项目：

实验日期：_______年___月___日　　第________教学周

主要实验设备

编号	名称	规格、型号	数量	设备状态	备注

一、实验目的

二、实验原理、电路图

三、实验内容及步骤

四、实验数据及观察到的现象

五、实验结论及体会

六、回答本次实验思考题

本次实验成绩	
教师签字（盖章）：	批改日期：

实验项目：

实验日期：_______年___月___日　　　　第________教学周

主要实验设备

编号	名称	规格、型号	数量	设备状态	备注

一、实验目的

二、实验原理、电路图

三、实验内容及步骤

四、实验数据及观察到的现象

五、实验结论及体会

六、回答本次实验思考题

本次实验成绩	
教师签字（盖章）:	批改日期:

实验项目：					
实验日期：_______年___月___日			第________教学周		
主要实验设备					
编号	名称	规格、型号	数量	设备状态	备注

一、实验目的

二、实验原理、电路图

三、实验内容及步骤

四、实验数据及观察到的现象

五、实验结论及体会

六、回答本次实验思考题

本次实验成绩	
教师签字（盖章）：	批改日期：

实验项目：					
实验日期：_______年___月___日			第________教学周		
主要实验设备					
编号	名称	规格、型号	数量	设备状态	备注

一、实验目的

二、实验原理、电路图

三、实验内容及步骤

四、实验数据及观察到的现象

五、实验结论及体会

六、回答本次实验思考题

本次实验成绩	
教师签字（盖章）：	批改日期：

实验项目：

实验日期：______年___月___日 | 第________教学周

主要实验设备

编号	名称	规格、型号	数量	设备状态	备注

一、实验目的

二、实验原理、电路图

三、实验内容及步骤

四、实验数据及观察到的现象

五、实验结论及体会

六、回答本次实验思考题

本次实验成绩	
教师签字（盖章）:	批改日期:

实验项目：					
实验日期：_______年___月___日			第_______教学周		
主要实验设备					
编号	名称	规格、型号	数量	设备状态	备注

一、实验目的

二、实验原理、电路图

三、实验内容及步骤

四、实验数据及观察到的现象

五、实验结论及体会 六、回答本次实验思考题 	
本次实验成绩	
教师签字（盖章）：	批改日期：

附录　常用集成电路引脚排列

一、集成运算放大器

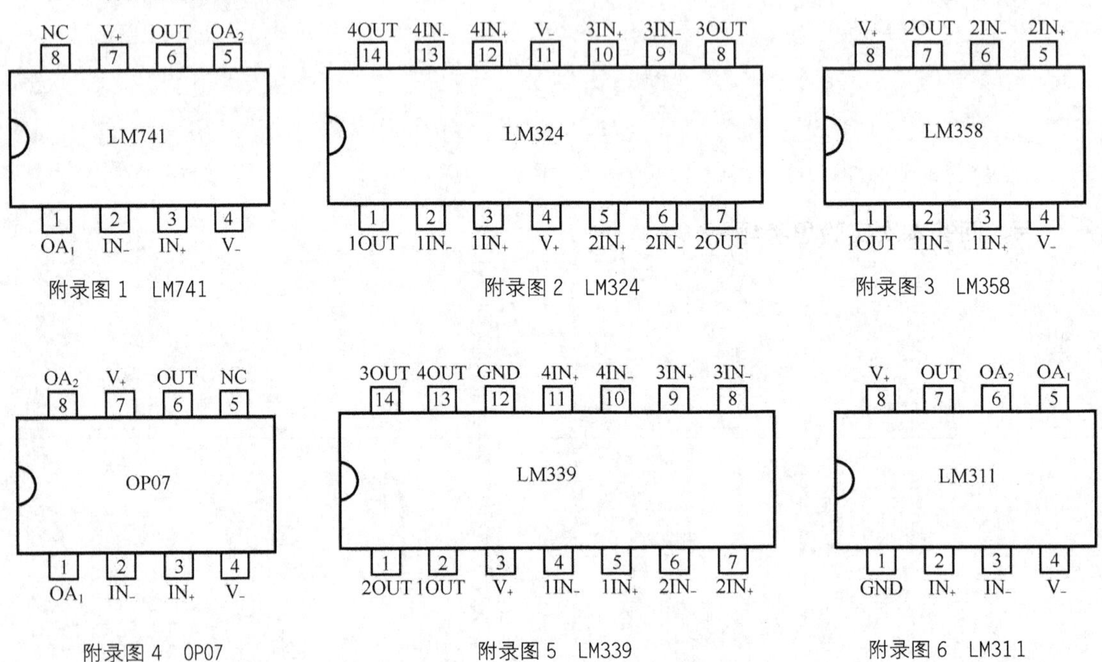

附录图 1　LM741

附录图 2　LM324

附录图 3　LM358

附录图 4　OP07

附录图 5　LM339

附录图 6　LM311

二、集成功率放大器

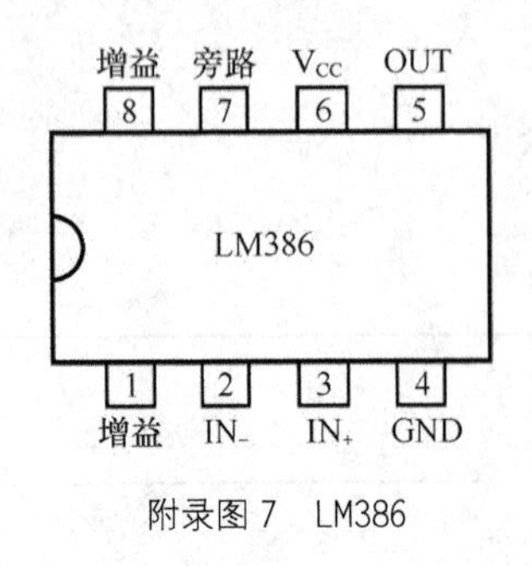

附录图 7　LM386

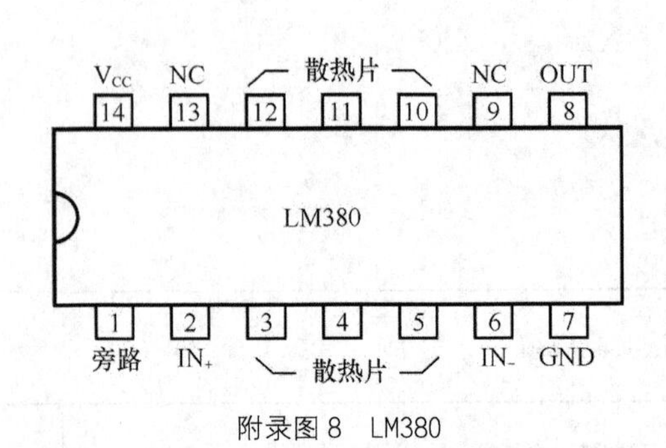

附录图 8　LM380

三、555 时基电路

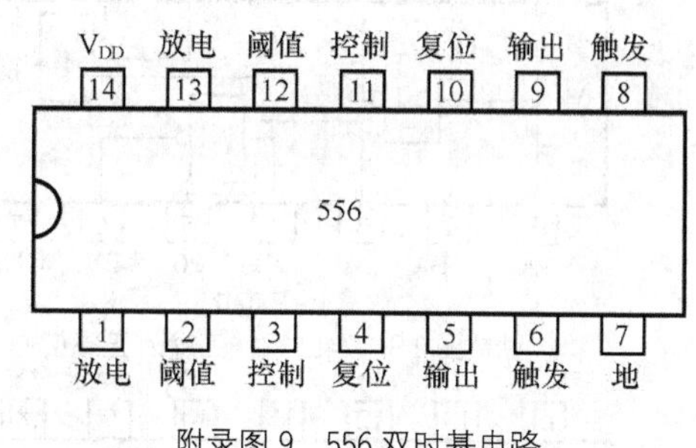

附录图 9　556 双时基电路

VDD 放电端 阈值 控制电压
8 7 6 5
NE555
1 2 3 4
地 触发 输出 复位

附录图 10　555 时基电路

四、74 系列 TTL 集成电路

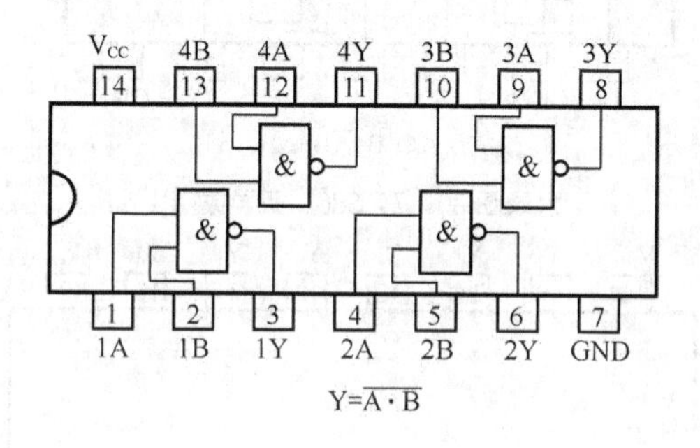

附录图 11　74LS00　四 2 输入正与非门

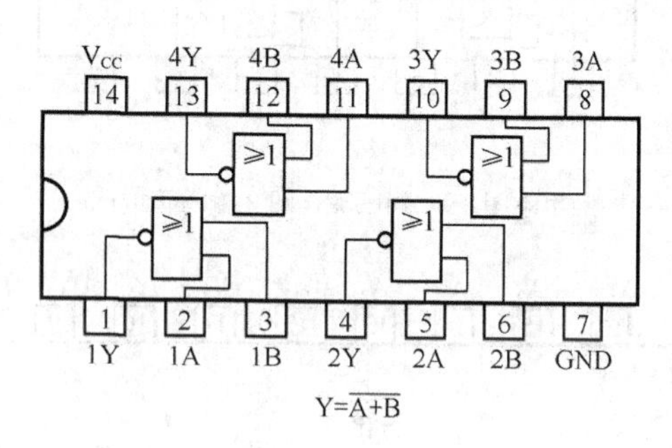

附录图 12　74LS02　四 2 输入正或非门

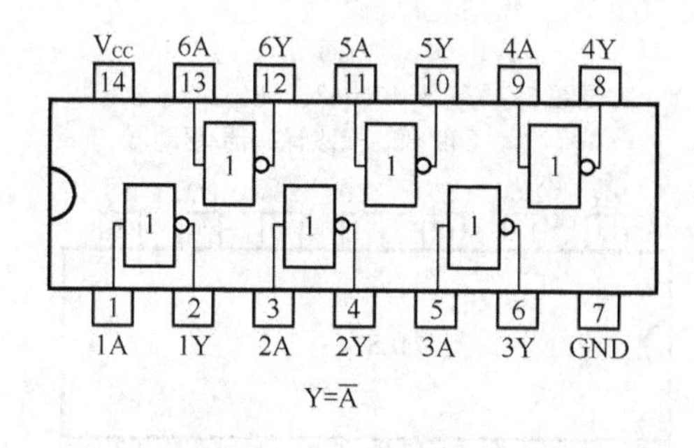

附录图 13　74LS04　六反相器

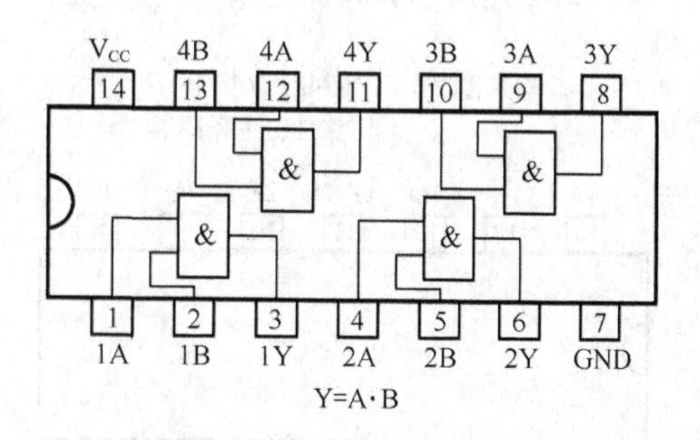

附录图 14　74LS08　四 2 输入正与门

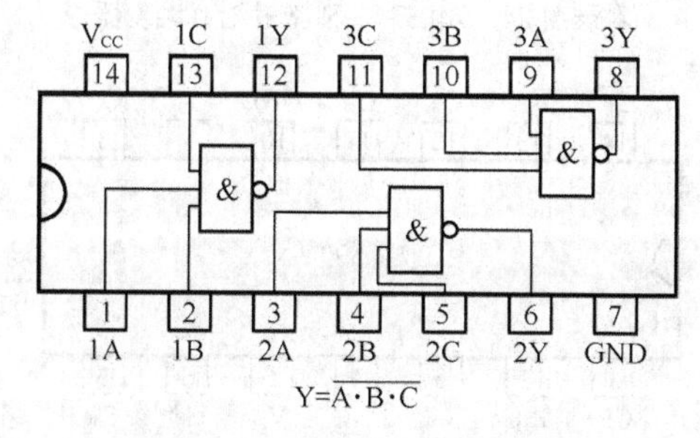

附录图 15　74LS10　三 3 输入正与非门

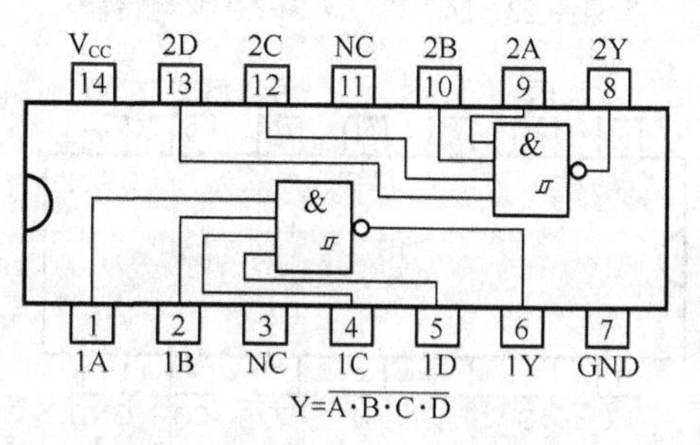

附录图 16　74LS13　双 4 输入正与非门

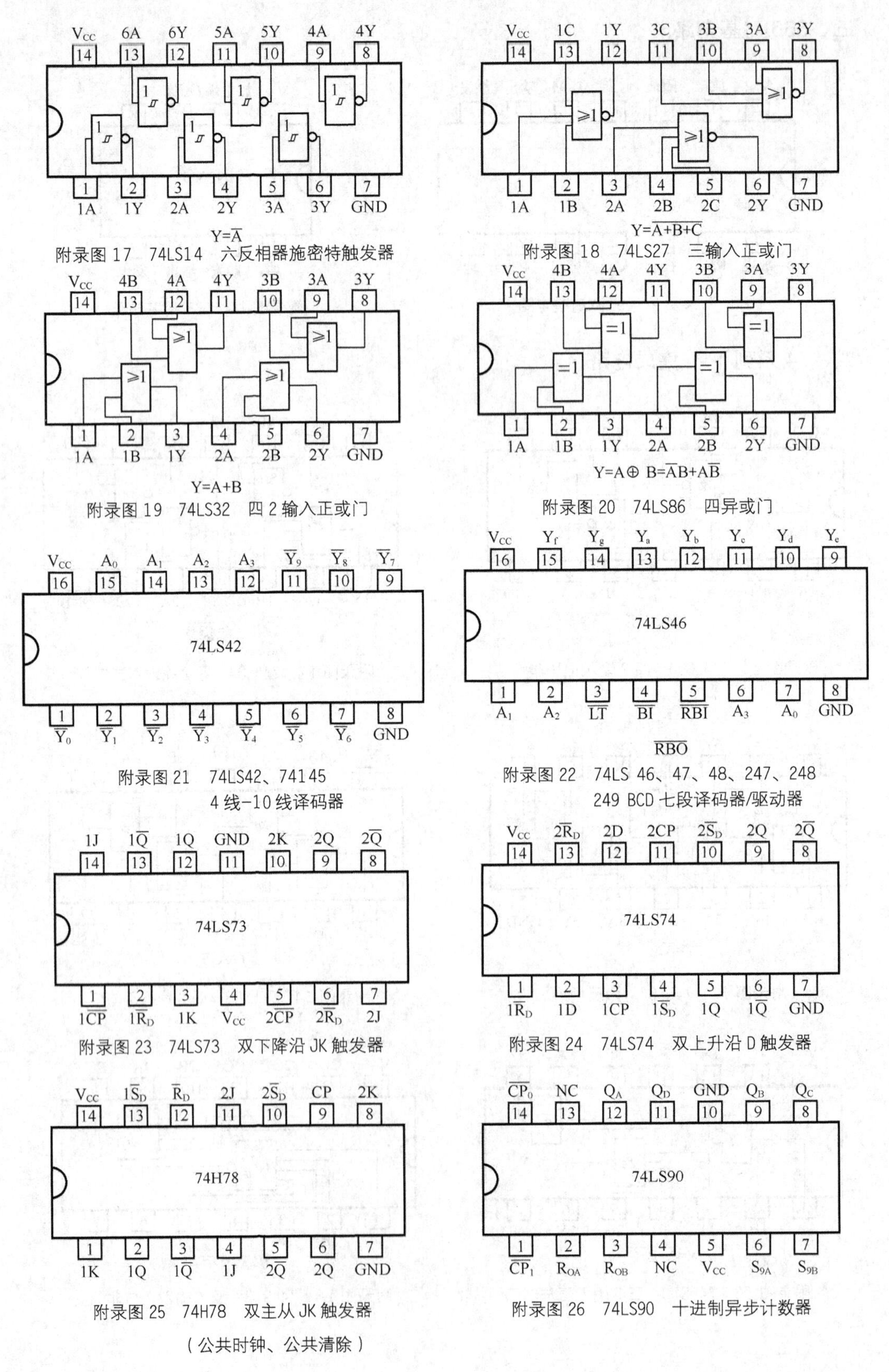

附录图 17 74LS14 六反相器施密特触发器

附录图 18 74LS27 三输入正或门

附录图 19 74LS32 四 2 输入正或门

附录图 20 74LS86 四异或门

附录图 21 74LS42、74145 4 线-10 线译码器

附录图 22 74LS 46、47、48、247、248 249 BCD 七段译码器/驱动器

附录图 23 74LS73 双下降沿 JK 触发器

附录图 24 74LS74 双上升沿 D 触发器

附录图 25 74H78 双主从 JK 触发器（公共时钟、公共清除）

附录图 26 74LS90 十进制异步计数器

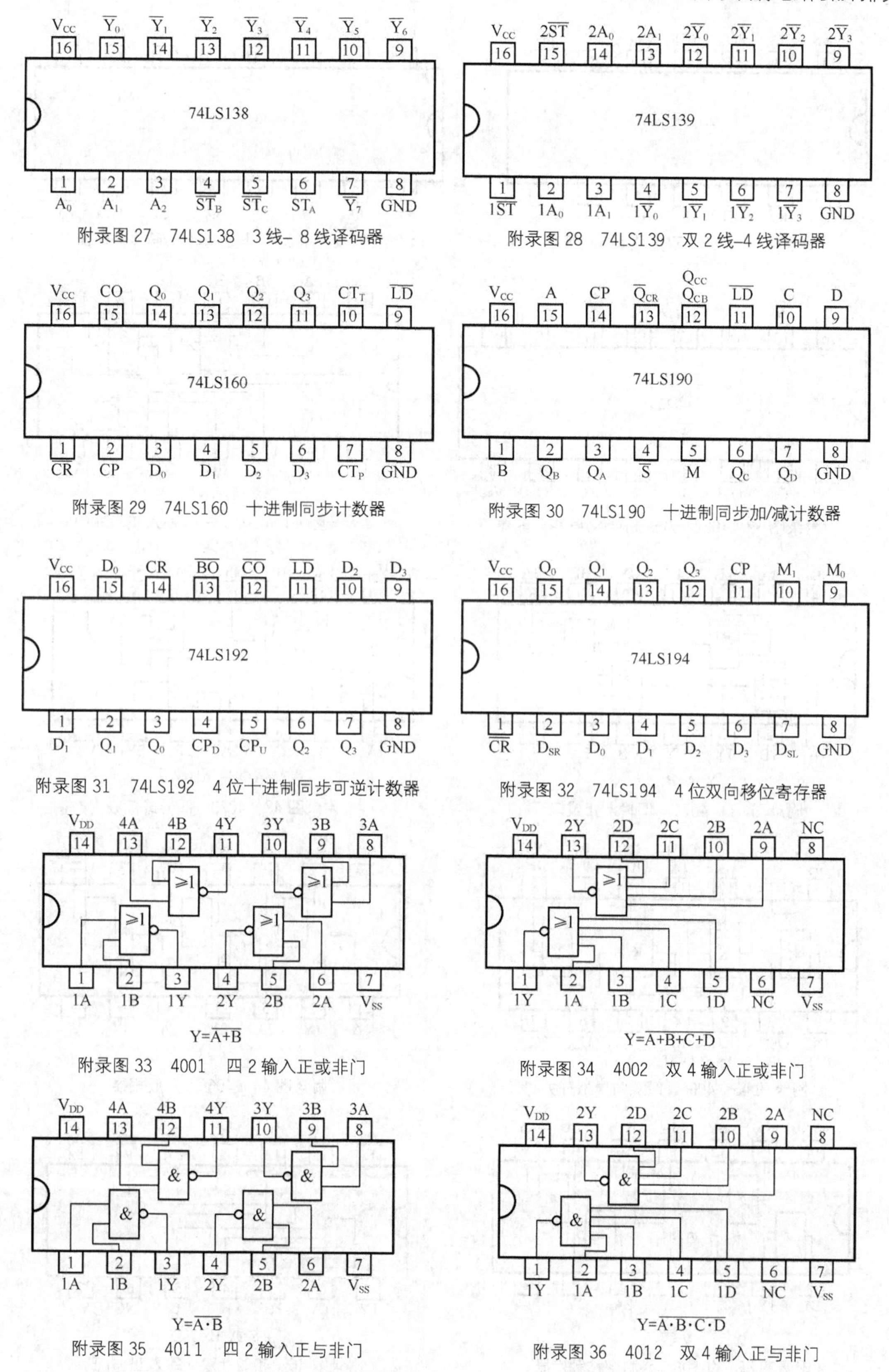

附录图 27 74LS138 3 线– 8 线译码器

附录图 28 74LS139 双 2 线–4 线译码器

附录图 29 74LS160 十进制同步计数器

附录图 30 74LS190 十进制同步加/减计数器

附录图 31 74LS192 4 位十进制同步可逆计数器

附录图 32 74LS194 4 位双向移位寄存器

附录图 33 4001 四 2 输入正或非门

附录图 34 4002 双 4 输入正或非门

附录图 35 4011 四 2 输入正与非门

附录图 36 4012 双 4 输入正与非门

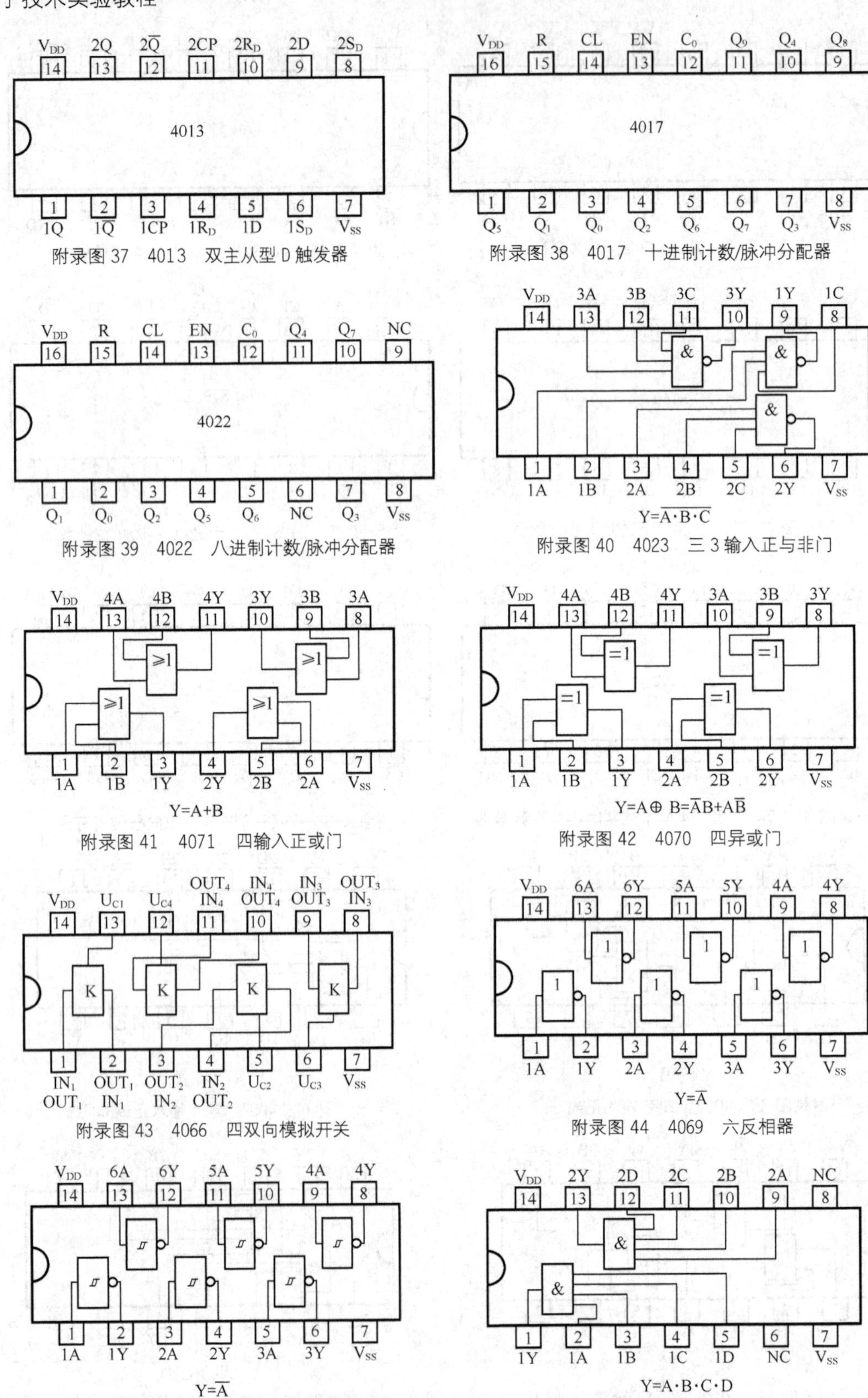

附录图 37 4013 双主从型 D 触发器

附录图 38 4017 十进制计数/脉冲分配器

附录图 39 4022 八进制计数/脉冲分配器

附录图 40 4023 三 3 输入正与非门

附录图 41 4071 四输入正或门

附录图 42 4070 四异或门

附录图 43 4066 四双向模拟开关

附录图 44 4069 六反相器

附录图 45 40106 六施密特触发器

附录图 46 4082 双 4 输入正与门

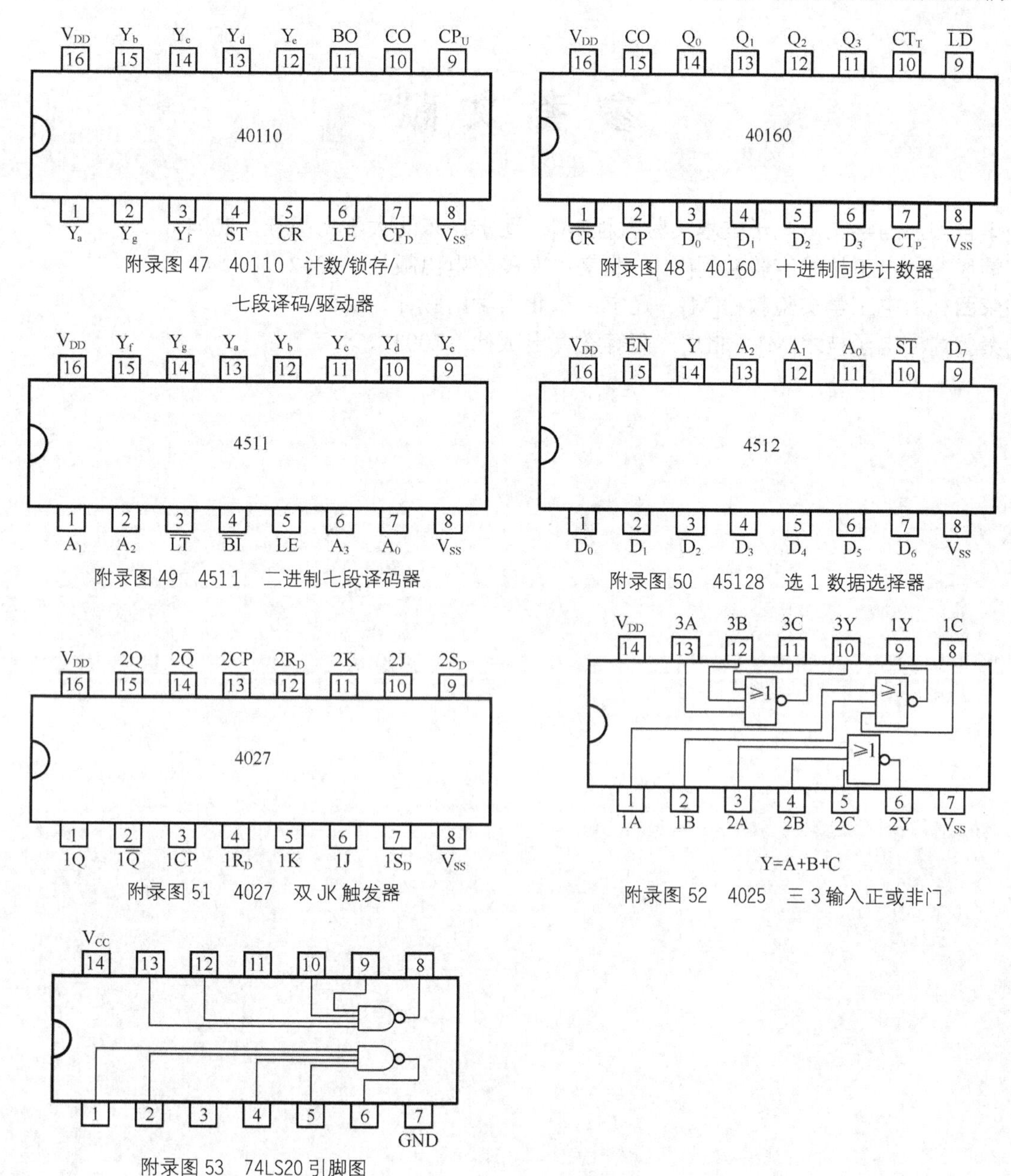

附录图 47 40110 计数/锁存/七段译码/驱动器

附录图 48 40160 十进制同步计数器

附录图 49 4511 二进制七段译码器

附录图 50 45128 选 1 数据选择器

附录图 51 4027 双 JK 触发器

附录图 52 4025 三 3 输入正或非门

附录图 53 74LS20 引脚图

参 考 文 献

[1]李景宏，马学文．电子技术实验教程[M]．辽宁：东北大学出版社，2004．
[2]阚凤龙．电工技术实验教程[M]．北京：人民邮电出版社，2012．
[3]荣西林．电工学实验教程[M]．辽宁：东北大学出版社，2003．
[4]秦曾煌．电子技术[M]．北京：高等教育出版社，2003．